謂七教？」「敢問何謂三至？」此外，在《禮記》《孝經》中也可見到大量的師徒之間的問答。曾子在多年的學生生涯中，逐漸也摸索出了如何有針對性地向老師提問的訣竅：「君子學必由其業，問必以其序。問而不決，承間觀色而復之，雖不說亦不强争也。」（《大戴禮記·曾子立事》）孔子去世之後，曾子開始設帳講學、著書立説，廣泛傳播孔子學説。在儒學發展史上，正因爲曾子肩負傳道者的重任，在先秦典籍中存在大量孔子、曾子言詞非常近似的材料：

一、孔子説：「父在觀其志，父没觀其行。三年無改於父之道，可謂孝矣。」（《論語·學而》）

曾子説：「吾聞諸夫子：孟莊子之孝也，其他可能也，其不改父之臣與父之政，是難能也。」（《論語·子張》）

二、孔子説：「後生可畏，焉知來者之不如今也？四十、五十而無聞焉，斯亦不足畏也已。」（《論語·子罕》）

曾子説：「三十、四十之間而無藝，即無藝矣；五十而不以善聞矣；七十而無德，雖有微過，亦可以勉矣。」（《大戴禮記·曾子立事》）

三、孔子說：「生，事之以禮；死，葬之以禮，祭之以禮。」（《論語·爲政》）

曾子說：「生，事之以禮；死，葬之以禮，祭之以禮：可謂孝矣。」（《孟子·滕文公上》）

語言文字上的相似與雷同，恰恰間接證明曾子在儒家文化轉變流傳過程中的重要地位。恰如二程所論：「孔子没，傳孔子之道者，曾子而已。曾子傳之子思，子思傳之孟子，孟子死，不得其傳，至孟子而聖人之道益尊。」從漢代開始，《孝經》已成爲童蒙讀本，影響日深。東漢文學家崔寔《四民月令》嘗言：冬季之時，家家户户幼童在家裏誦讀《孝經》《論語》等啓蒙教材。

在中國古代文化史上，《孝經》最早稱「經」。但《孝經》之「經」，有别於「六經」意義上的「經」。《白虎通》云：「經，常也。」因此，《孝經》之「經」，指的是孝觀念藴含的「大道」「大法」。「夫孝，德之本也，教之所由生也。」（《孝經·開宗明義章》）在孔孟思想體系中，仁是全德，位階高於其他德目。但是，在《孝經》思想體系中，孝已經取代仁，上升爲道德的本源。孝是「至德要道」（《孝經·開宗明義章》），鄭玄注點明：所謂「至德要道」就是「孝悌」。不僅如此，《孝經》一書最大的亮點在於：作者力圖從形上學的高度，將孝論證爲本體。「夫孝，天之經也，地之義也，民之行也。天地之經，而民是則之。」（《孝經・三才章》）「經」與「義」含義相同，都是指天地自然恒常不變的法則、規律。《大戴禮記・曾子大孝》也有類似表述：「夫孝者，天下之大經也。」孝是天經地義，將「孝」論證爲宇宙本體，這是人類的人文表達，其實質是以德行、德性指代本體，猶如周濂溪用「誠」指代宇宙本體。需要進一步追問的是：孝是「天之經」「地之義」和「民之行」如何可能？如果作者不能從哲學上加以證明，這一結論的得出只不過是循環論證的獨斷論而已。令人遺憾的是，《孝經・三才章》並没有對此予以證明。《孝經・聖治章》的兩段話或許與孝何以是「民之行」有着一些内在邏輯關聯：「父子之道，天性也。」「天地之性，人爲貴。人之行，莫大於孝。孝莫大於嚴父，嚴父莫大於配天。」將人置放於「天地萬物一體」思維框架中討論，這是儒家一以貫之的思維模式，從孔子到孟子、董仲舒、二程、朱熹、王陽明，概莫能外。從「天性」探討父子之道，意味着不再局限於從道德視域論説道德，而是上升到哲學的高度論説道德。孝不再是道德論層面的觀念，而是倫理學層面的範疇，甚至已成爲宇宙論層面的本體。孔子當年説「仁者安仁」，以仁爲安，意味着以仁爲樂，情感的背後已隱伏人性的色彩。徐復觀甚至認爲，孔子的人性論可以歸納爲「人性仁」。《孝經》作者也從人性論高度證明孝存在正當性，在邏輯上與孔子的思路有所相近。爲何「人之行，莫大於孝」？明代呂維祺對此有所詮釋：「此因曾子之贊而推言之，以明本孝立教之義。曾子平日以報身爲孝，不知孝之通於天下，其大如此，故極贊之。而孔子言民性之孝，原於天地。天以生物覆幬爲常，故曰經也。地以承順利物爲宜，故曰義。得天之性爲慈愛，得地之性爲恭順，即此是孝，乃民之所當躬行者，故曰民之行。」（呂維祺《孝經大全》卷七）天地自然之性與人之性同出一源，相互貫通。天的德性是「慈愛」，地的德性是「恭順」，天地之性統合起來在人性的實現，表現爲「孝」。

雖然在對於孝何以是「天之經」「地之義」的證明過程付諸闕如，但漢代董仲舒對此有所證明，或許可以看作對《孝經》作者未竟事業的「自己講」。董仲舒認爲人與物相比較，具有兩大特點：一是偶天地，二是具有先驗的道德情感。道德觀念的産生並非人類社會發展到一定階段的精神産物，道德觀念源出於天：「何謂本？曰：天地人，萬物之本也。天生之，地養之，人成之。天生之以孝悌，地養之以衣食，人成之以禮樂，三者相爲手足，合以成體，不可一無也。無孝悌則亡其所以生，無衣食則亡其所以養，無禮樂則亡其所以成也。」孝是人之所以爲人的本質所在，孝屬於「天生」，近似於萊布尼茨的「先定和諧」。

董仲舒在《立元神》一文又將孝稱之爲「天本」「地本」和「人本」：「舉顯孝悌，表異孝行」是「奉天本」；「墾草殖穀」，豐衣足食，是「奉地本」；「修孝悌敬讓」，是「奉人本」。在可感的經驗世界之上，孝存在着一個超越的、形而上的本源。人倫之孝只不過是宇宙本體之德在人的落實。「爲生不能爲人，爲人者天也。人之人本於天，天亦人之曾祖父也。此人之所以乃上類天也。人之形體，化天數而成；人之血氣，化天志而仁；人之德行，化天理而義。」從「天生」「天本」「天理」過渡到「人之德行」，在董仲舒思想中不是一個只有結論而無中間論證過程的獨斷論命題，董仲舒從陰陽五行理論進行了論證。《易傳》嘗言「一陰一陽之謂道」，董仲舒繼而用陰陽學説來闡釋倫理道德觀念的正當性。「王道之三綱，可求於天」。陰陽之道包含兩個方面的内涵：

其一，陰陽相合，「陰者陽之合，妻者夫之合，子者父之合，臣者君之合，物莫無合，而合各有陰陽」。父子之合源自陰陽之合，父子關係由此獲得了存在神聖性。

其二，陰陽相兼，「陽兼於陰，陰兼於陽，夫兼於妻，妻兼於夫，父兼於子，子兼於父，君兼於臣，臣兼於君。君臣、父子、夫婦之義，皆取諸陰陽之道」。陰陽之氣互含互融，陰中有陽，陽中有陰。因此，父子之義不可變易。

在用陰陽理論論證基礎上，董仲舒進而側重從五行理論闡釋孝由「天生」如何可能。「木，五行之始也；水，五行之終也；土，五行之中也。此其天次之序也。木生火，火生土，土生金，金生水，水生木，此其父子也。」五行並不單純地指稱宇宙論意義上的五種元素，實際上它還蘊涵更多的人文意義。五行就是五種德行，而且這種德行是先在性的。「故五行者，乃孝子忠臣之行也」。具體就父子關係而言，孝存在的正當性何在呢？河間獻王問董仲舒：《孝經》説「夫孝，天之經，地之義」，這一結論是如何得出的？董仲舒回答：「天有五行，木火土金水是也。木生火，火生土，土生金，金生水。水爲冬，金爲秋，土爲季夏，火爲夏，木爲春。春主生，夏主長，季夏主養，秋主收，冬主藏。藏，冬之所成也。是故父之所生，其子長之；父之所長，其子養之；父之所養，其子成之。諸父所爲，其子皆奉承而續行之，不敢不致如父之意，盡爲人之道也。故五行者，五行也。由此觀之，父授之，子受之，乃天之道也。故曰：夫孝者，天之經也。此之謂也。」木與火、火與土、土與金、金與水、水與木之間，都存在父子之道。五行之間的相生是動態的、周轉的，這就意味着木火土金水五行都含有孝德。「生之」「長之」「養之」與「成之」，也都是周轉循環的，其間既蘊含自然之理，又涵攝父子之道。

何謂「地之義」？董仲舒解釋説：「地出雲爲雨，起氣爲風。風雨者，地之所爲。地不敢有其功名，必上之於天。命若從天氣者，故曰天風天雨也，莫曰地風地雨也。勤勞在地，名一歸於天。非至有義，其孰能行此？故下事上，如地事天也，可謂大忠矣。土者，火之子也。五行莫貴於土。土之於四時無所命者，不與火分功名。……忠臣之義，孝子之行，取之土。……此謂孝者地之義也。」在五行之中，董仲舒尤其重視土德，土被冠以「天潤」美名，其中緣由在於土德是孝德之本源。土是火之子，土生萬物而不争功，將功名歸之於天。因此，土有孝之德，所以「孝子之行」源自土德。因循董仲舒這一思維模式，父子之間的諸多道德規範似乎可以得到圓融無礙的詮釋：

子女爲何要孝敬父母？「法夏養長木，此火養母也。」

父子之間爲何要親親相隱？「法木之藏火也。」

子女爲何應諫親？「子之諫父，法火以揉木也。」

子爲何應順於父？「法地順天也。」

漢以孝治天下，何法？「臣聞之於師曰：『漢爲火德，火生於木，木盛於火，故其德爲孝，其象在《周易》之《離》。』夫在地爲火，在天爲日。在天者用其精，在地者用其形。夏則火王，其精在天，温暖之氣，養生百木，是其孝也。冬時則廢，其形在地，酷熱之氣，焚燒山林，是其不孝也。故漢制使天下誦《孝經》，選吏舉孝廉。」

董仲舒從陰陽五行證明孝德存在正當性，實質是證明孝存在一個形而上的宇宙本體論根據。宇宙間存在着大德，這一宇宙精神就是孝。孝既然源起於天，是「天之道」在人類社會的實現。那麽，如何協調天人之道，人之道如何遵循天之道而行，就成爲人類自身必須正確認識與處理的現實問題。董仲舒在《治水五行》與《五行變救》中探索了這一問題，他認爲，在「土用事」的七十二天中，人事應該循土德而行，「土用事，則養長老，存幼孤，矜寡獨，賜孝弟，施恩澤，無興土功」。實際上，在倫理道德層面「法天而行」，已不再是一個「是否可能」的哲學認識論問題，而是一個形而下的、勢在必行的社會現實問題。按照董仲舒天人感應的宇宙模式理論，地震、洪水、日月之食從來就不是一個單純的自然現象，而是賦予了衆多的人文意義。譬如，狂風暴雨不止，五穀不收，其原因在於「不敬父兄」。諸如此類的自然災害是天之「譴告」，是「天」以其獨具一格的形式警告統治者。因此，如何改弦更張，使人之道完整無損地循天之道而行，成爲人類自我救贖的唯一出路：

「救之者，省宫室，去雕文，舉孝悌，恤黎元。」

迨至南宋，楊簡弟子錢時繼而從「心即理」的哲學立場出發，對《孝經》「夫孝，天之經也，地之義也，民之行也」作了獨到的闡釋，思路與董仲舒不一樣。錢時認爲，天、地與人存在一個共同的、相通的「大心」，此心在天爲「經」，在地爲「義」，在人爲「孝」。「夫人但知善父母爲孝，安知天之所謂經者，即此孝乎？安知地之所謂義者，即此孝乎？……在天曰經，在地曰義，在民曰行，一也，無二致也。」（錢時《融堂四書管見》）天經、地義和民行，源起於一個共同的宇宙精神；天之心、地之心，就是袪除「私欲」之後澄明虚靈的本體心——「吾心」。三者相互貫通，本無二致。在人而言，「發明本心」是不學而知的良知良能。「吾心」與天地之心相融通，人有責任揭示與宣明天地之心的本質與意義。在「揭示」與「宣明」的過程中，人自身存在的意義也得到挺立。

錢時的思想源自陸象山，「心」才是哲學本體，孝只不過是心在人性的安頓。换言之，孝是心的分殊，而非本源。《孝經》作者、董仲舒和錢時三人，時代不一、哲學立足點有異。但是，三人所得出的結論又有異曲同工之處：對孝何以可能的探索，力圖超越可感世界的經驗歸納，嘗試超越就道德言道德的思維藩籬，力圖發展到從存在論和意義論高度去論證孝的本質。

《孝經》在漢代已形成三種重要的版本：其一，顔芝之子顔貞將家藏《孝經》獻給河間獻王，河間獻王繼而獻給朝廷。《孝經》文字爲戰國古文，時人以今文讀之，史稱今文《孝經》，即顔芝藏今文《孝經》本。其二，漢武帝時，魯恭王「壞孔子宅」，在牆壁中得古文《孝經》，史稱孔壁藏古文《孝經》本。其三，西漢末年，劉向以顔芝藏《今文孝經》爲底本，比勘今古文《孝經》，「除其繁惑」，最終校定爲十八章。劉向所確定的十八章今文本，影響久遠，馬融、鄭玄、唐玄宗等人注《孝經》，皆採用這一版本。

近年來，隨着古籍整理事業的發展，《孝經》類文獻的整理工作亦有很多新成果，如二〇一一年廣陵書社出版了《孝經文獻集成》，影印《孝經》文獻近百種。但是受制於《孝經》的篇幅，《孝經》類文獻大多部頭較小，難以單獨成册刊印，這在很大程度上制約了點校整理工作。我們編纂《孝經文獻叢刊》，選取較爲重要的《孝經》類文獻進行點校整理，把篇幅較小者匯輯成册，按照時代分爲「《孝經》古注説」「《孝經》宋元明人注説」「《孝經》清人注説」，以期彌補《孝經》文獻整理不足的缺憾，爲學術研究提供更爲準確易讀的文本。我們的選目，考慮到了目前《孝經》類文獻整理情況，如比較重要的《孝經注疏》，已經有多種點校本，我們「《孝經》清人注説」收録的《孝經義疏補》中亦全文鈔録，故未予選入。明代吕維祺的《孝經大全》、黄道周的《孝經集傳》，清代皮錫瑞的《孝經鄭注疏》等，或收在叢書，或録在全集，或獨自單行，近年皆有了整理本，故暫未予選入。本次出版，是《孝經文獻叢刊》的第一批整理成果，後續將有《孝經文獻總目》《孝經民國人注説》《孝經著述序跋彙編》等陸續整理出版。由於水平所限，我們的選目或有疏漏，點校亦難免有訛誤，尚乞讀者教正。

曾振宇　江曦

二〇二〇年九月十六日

整理説明

本書收録戰國至唐代《孝經》注説二十一家二十六種。

《孝經》是儒家十三經之一，《漢書·藝文志》云：「《孝經》者，孔子爲曾子陳孝道也。」最早解説《孝經》者，一般認爲是戰國時期子夏弟子魏文侯，清代王謨、馬國翰分別輯有魏文侯《孝經傳》。至於漢代，「使天下誦《孝經》，選吏舉孝廉」（《後漢書·荀爽傳》），治《孝經》者漸夥。《漢書·藝文志》稱：「漢興，長孫氏、博士江翁、少府后倉、諫大夫翼奉、安昌侯張禹傳之，各自名家。」《漢志》載長孫氏説二篇，江氏、翼氏、后氏三家各一篇，另有《孝經古孔氏》一篇、《雜傳》四篇、《安昌侯説》一篇，孔氏爲孔安國，安昌侯爲張禹。據陸德明《經典釋文敘録》所列《孝經》注解傳述人，東漢至南北朝時期，注《孝經》者有馬融、鄭衆、鄭玄、王肅、蘇林、何晏、劉邵、韋昭、徐整、謝萬、孫氏、楊泓、袁宏、虞槃佑、庾氏、殷仲文、車胤、荀昶、孔光、何承天、釋慧琳、王玄載、明僧紹等，加之皇侃《孝經義疏》，解説《孝經》者凡二十四家。陸氏所列之外，馬國翰尚輯有《齊永明王孝經講義》、劉瓛《孝經劉氏説》、蕭衍《孝經義疏》、嚴植之《孝經嚴氏注》，王仁俊輯有鄭偁《孝經鄭氏注》。至隋唐，又有魏真己《孝經訓注》、劉炫《孝經述議》、唐明皇《孝經注》及元行沖《御注孝經疏》。唐以前及唐代《孝經》注説，可考者三十餘家，然完整存於今者，僅唐玄宗御注一種。

清代樸學大興，推崇古學，但漢唐人著述十不存一。解決文獻不足徵最重要的方式是輯佚，因此有清一代輯佚之盛，遠邁前代。通過輯佚，把分散在各類文獻中的古書彙輯在一起，爲研究唐以前學術奠定了重要的文獻基礎。以《孝經》類文獻而言，朱彝尊《經義考》、黄奭《黄氏逸書考》、王謨《漢魏遺書鈔》、馬國翰《玉函山房輯佚書》、王仁俊《玉函山房輯佚書續編》等都收録不少漢唐人《孝經》注説。有些《孝經》注解甚至有不止一家輯本，如相傳爲鄭玄或鄭小同所作的《孝經鄭注》，在清代就有朱彝尊、王謨、洪頤煊、臧庸、黄奭、陳鱣、嚴可均、勞格、袁鈞、孔廣林、孫季咸、皮錫瑞等十餘家輯本。

除了輯佚，發現新材料也是解決文獻不足徵的重要途徑，清代以來較爲重要的是敦煌遺書和日本古寫古刻的發現。在《孝經》類文獻中，敦煌遺書中有《孝經鄭注》若干種殘卷。劉炫《孝經述議》的殘鈔本，在日本被發現。對清代《孝經鄭注》輯佚影響較大的《群書治要》、題爲孔安國作的《古文孝經孔傳》皆在清代從日本傳回中國。這些文獻對於復原和研究唐前《孝經》注説具有較高的價值。

我們此次整理《孝經》古注説，收録範圍是唐代及唐代以前《孝經》的注釋和義疏，包括《魏文侯孝經傳》（王謨、馬國翰二家輯本）、《孝經長孫氏説》（馬國翰輯）、后蒼《孝經后氏説》（馬國翰輯）、張禹《孝經安昌侯説》（馬國翰輯）、董仲舒《孝經董氏義》（王仁俊輯）、馬融《孝經馬氏注》（王仁俊輯）、《孝經鄭注》（洪頤煊、嚴可均、臧庸、黄奭四家輯本）、《孝經鄭偁注》（王仁俊輯）、王肅《孝經王氏解》、韋昭《孝經解讚》、殷仲文《孝經殷氏注》、謝萬《集解孝經》、《齊永明諸王孝經講義》、劉瓛《孝經劉氏説》、蕭衍《孝經義疏》、嚴植之《孝經嚴氏注》、皇侃《孝經皇氏義疏》、魏真己《孝經訓注》（以上并馬國翰輯）、劉炫《古文孝經述義》（據日本藏古寫本整理，又録馬國翰輯本）、元行沖《御注孝經疏》（馬國翰輯）、舊題孔安國《古文孝經孔傳》（鮑氏刻本），凡二十六種。敦煌遺書中有《孝經鄭注》殘卷數種，由於能力所限，未予收録，讀者可參考《敦煌經部文獻合集》。又，唐玄宗《御注孝經》，流傳甚廣，且《孝經文獻叢刊（第一輯）》收録的阮福《孝經義疏補》有其全文，兹亦不録。

諸書所據版本爲：馬國翰《玉函山房輯佚書》，二〇〇七年山東大學出版社《山東文獻集成》（第一輯）影印清道光咸豐間歷城馬氏刻同治十年濟南皇華館書局補刻本；王仁俊《玉函山房輯佚書續編》，《續修四庫全書》影印稿本；黄奭《黄氏逸書考》，《續修四庫全書》影印清道光黄氏刻民國二十三年江都朱長圻補刊本；王謨《漢魏遺書鈔》，《續修四庫全書》影印清嘉慶三年刻本；洪頤煊《孝經鄭注補證》，清嘉慶六年長塘鮑氏刻本（《知不足齋叢書》之一）；嚴可均《孝經鄭注》，光緒八年粵東刻本（《咫進齋叢書》之一）；臧庸《孝經鄭氏解》，清乾隆至道光間長塘鮑氏刻《知不足齋叢書》本；劉炫《古文孝經述義》，二〇一六年崇文書局《古文孝經復原研究》影印日本京都大學縮微膠卷本，並參考了日本林秀一的校勘記；舊題孔安國《古文孝經孔傳》，乾隆四十一年長塘鮑氏刻本（《知不足齋叢書》之一，内有日本太宰純音），參校了日本寶曆十一年紫芝園刻本。此編的整理，文字録入與校對，多賴姜元、張鑫龍、歐陽柳、林康諸君之力；最後統稿，則由江曦任之。

我們此次彙輯整理目的是爲研究者提供資料方便，但因水平所限，選目或有不妥，句讀或有訛誤，尚祈讀者批評指正。

整理者

二〇一九年五月十日

目録

孝經解

孝經鄭偁注

孝經訓注……三一三

孝經述議……三二一

古文孝經孔傳……………………四四三

魏文侯孝經傳

【周】魏文侯 撰
【清】王 謨 輯

魏文侯孝經傳

清 王謨 輯

序録

《漢志·儒家》：《魏文侯》六篇。

《史記·魏世家》曰：「文侯受子夏經藝。」《仲尼弟子列傳》曰：「孔子既没，子夏居西河教授，爲魏文侯師。」

謨案：《漢志》《孝經》十一家無《魏文侯傳》，而儒家有《魏文侯》六篇，又無其目，意《孝經傳》亦其一篇也。書已久亡，絶無可考。要以聖門遺書，戰國賢君所撰，零圭碎璧，俱當寶貴，流傳不朽，故仍鈔出《齊民要術》一條、蔡邕《明堂論》一條、《白帖》一條。

魏文侯孝經傳

【周】魏文侯　撰
【清】馬國翰　輯

魏文侯孝經傳

清　馬國翰　輯

《孝經傳》一卷，周魏文侯撰。《史記·魏世家》云：「桓子之孫曰文侯都。」司馬貞《索隱》曰：「《系本》：『桓子生文侯斯。』」兩書系代不同，而同稱文侯，然則文侯名都，又名斯也。《竹書紀年》：「周考王元年，魏文侯立。」事蹟具《魏世家》。文侯著《孝經傳》，漢、隋、唐《志》均不載，惟《漢志》有《雜傳》四篇，《文侯傳》當在其内，今佚。《後漢書·祭祀志》劉昭補注引之。又，《通典》《舊唐書》顔師古議亦引《孝經傳》，皆説「明堂」，是一節文。又，《齊民要術》引「魏文侯語」，亦見《淮南子》。朱氏《經義考》、余氏《古經解鈎沈》並取，屬《庶人章》「分天之道」句下。兹並據輯。文侯受業於子夏，其得聖門之説必真，而其書亦最古。虞淳熙《孝經邇言》謂《孝經》自魏文侯而下至唐宋，傳之者百家九十九部二百二卷。虞以《文侯傳》爲《孝經》之首，蓋視顏芝、長孫氏、江翁、后蒼猶爲後起。斷珪殘璧，少而彌珍已。歷城馬國翰竹吾甫。

孝經傳

周　魏文侯　撰

第六章

子曰：因天之道，分地之利。

民春以力耕，夏以鏹耘，秋以收斂。賈思勰《齊民要術》卷一引魏文侯之言，不著經句。朱氏彝尊《經義考》云：「當是《孝經》『因天之道，分地之利』注也。」余氏蕭客《古經解鉤沉》取屬「因天之道」下。案：《淮南子・人間訓》載：「解扁爲東封，上計而入三倍，有司請賞之。文侯曰：『吾土地非益廣也，人民非益衆也，入何以三倍？』對曰：『以冬伐木而積之，於春浮於河而鬻之。』文侯曰：『民春以力耕，夏以强耘，秋以收斂，冬間無事，以伐林而積之，負軛而浮之河，是用民力不得休息也。民以敝矣，雖有三倍之入，將焉用之？』」此三句所出。又案：《漢志》儒家《魏文侯》六篇，《淮南》所引出彼書中。然以文侯之語爲文侯解經之傳，亦無不可。兹依二家録之。

第九章

宗祀文王於明堂。

大學，中學明堂之位也。《後漢書·志·祭祀中》劉昭補注載蔡邕《明堂論》引魏文侯《孝經傳》，王應麟《困學紀聞》卷二亦引之。

大學，中學也。庠，言養也，所以養儁德也。舜命夔曰：「汝典樂，以教胄子。」胄子，國子也。杜佑《通典》卷五十三引《孝經》。案：此與《漢志》注所引是一節文。

明堂在國之陽。《舊唐書》卷二十二顔師古議引《孝經傳》。

（《玉函山房輯佚書·經編孝經類》）

孝經長孫氏説

【漢】長孫氏　撰
【清】馬國翰　輯

《孝經長孫氏説》一卷，漢長孫氏撰。名字、爵里俱無考。漢興，傳《孝經》。《漢志》：「《孝經》一篇十八章，長孫氏、江氏、后氏、翼氏四家。」又：「《長孫氏説》二篇。」《隋》《唐》不著録，佚已久。攷《隋志》謂「長孫有《閨門》一章」，據孔安國《古文孝經傳》本録出，附考爲卷。表漢初大師傳經之首功，存經遺章以爲稽古之藉，惜其説義不可得而覩矣。歷城馬國翰竹吾甫。

孝經長孫氏説

漢　長孫氏　撰

閨門之内，具禮矣乎！嚴父嚴兄，妻子臣妾，猶百姓徒役也。

《隋書·經籍志》：「長孫有《閨門》一章。」據孔安國《古文孝經》録補。黄震《日抄·讀〈孝經〉篇》亦載此二十二字，云：「今文全無之，而古文自爲一章。」

附考

《漢書·藝文志》：「《孝經》一篇十八章，長孫氏、江氏、后氏、翼氏四家。《長孫氏説》二篇。」

又曰：「《孝經》者，孔子爲曾子陳孝道也。夫孝，天之經，地之義，民之行也。舉大者言，故曰《孝經》。漢興，長孫氏、博士江翁、少府后倉、諫大夫翼奉、安昌侯張禹傳之，各自名家。」

《隋書·經籍志》：「《孝經》遭秦焚書，爲河間人顔芝所藏。漢初，芝子貞出之，凡十八章，而長孫氏、江翁、后蒼、翼奉、張禹皆名其學。又有古文《孝經》，與古文《尚書》同出。而長孫有《閨門》一章，其餘經文大較相似。」

孫本《古文孝經説》疑「昭帝時魯三老獻古文，劉向典校經籍，以顔本比對，未免稍加脩飾，故有『除其繁惑』之語。然則古今文稍異者，乃劉向爲之也。世儒疑《閨門》一章乃劉炫僞造，不知古文流傳本末，亦有可據。唐司馬貞欲削《閨門章》爲國諱，不〔一〕得不以古文爲僞。然《閨門章》漢初長孫氏傳今

〔一〕「不」字原脱，據孫本《古文孝經説》、朱彝尊《經義考》補。馬國翰引孫本語與《古文孝經説》原書差異較大，而與《經義考》引「孫本曰」相同。

文即有之，劉向以顏本考定，雖云『除其繁惑』，然謂經文大較相同，則《閨門章》未嘗削矣，豈後人所僞爲耶？」

（《玉函山房輯佚書·經編孝經類》）

孝經后氏説

【漢】后蒼　撰
【清】馬國翰　輯

《孝經后氏説》一卷，漢后蒼撰。蒼字近君，東海郯人，通《詩》《禮》，爲博士，至少府。《漢書·儒林》有傳。蒼傳《齊詩》，已輯録《齊詩傳》。《漢·藝文志》《孝經》十一家，有《后氏説》一篇。隋、唐《志》不著目，佚已久。攷《漢書·匡衡傳》引稱《孝經》，蒼傳云：「授翼奉、蕭望之、匡衡。」則衡爲蒼之弟子；漢人説經，皆本師法，則所稱述，信爲后氏遺説，採列一家。其引經字句與今本不同，足資參攷。訓辭莊雅，尤可誦云。歷城馬國翰竹吾甫。

孝經后氏説

漢 后蒼 撰

孝經

聖人言行之要。《漢書·匡衡傳》上疏引「臣聞」。據《儒林傳》，后蒼授匡衡，知匡衡述經義皆本蒼説，後倣此。

第一章

邢昺《正義》曰：「案：《孝經》遭秦坑焚之後，爲河間顔芝所藏，初除挾書之律，芝子貞始出之。長孫氏及江翁、后蒼、翼奉、張禹等所説，皆十八章。及魯恭王壞孔子宅，得古文二十二章，孔安國作傳。劉向校經籍，比量二本，除其煩惑，以十八章爲定，而不列名。」

《大雅》曰：「無念爾祖，聿脩厥德。」今本「大雅云」，《漢書》作「曰」。

孔子著之《孝經》首章，蓋至德之本也。同上。

第九章

德義可尊，容止可觀，進退可度，以臨其民，是以其民畏而愛之，則而象之。今本「德義可尊」下有「作事可法」一句。《漢書·匡衡傳》上疏引「孔子曰」無「作事」句。

聖王之自爲動靜周旋，奉天承親，親朝享臣，物有節文，以章人倫。蓋欽翼祇栗，事天之容也；温恭敬遜，承親之禮也；正躬嚴恪，臨衆之儀也；嘉惠和説，饗下之顔也。舉錯動作，物遵其儀，故形爲仁義，動爲法則。孔子曰：「德義可尊，容止可觀，進退可度，以臨其民。是以其民畏而愛之，則而象之。」《漢書·匡衡傳》上疏引「臣又聞」。

（《玉函山房輯佚書·經編孝經類》）

孝經安昌侯説

【漢】張禹 撰
【清】馬國翰 輯

《孝經安昌侯説》一卷，漢張禹撰。禹字子文，河内軹人，官至丞相，封安昌侯。事蹟詳《漢書》本傳。《漢·藝文志》《孝經》十一家，有《安昌侯説》一篇。隋、唐《志》皆不著目，佚已久。邢昺《正義》引劉瓛述張禹之義，僅一節，他或引稱「舊説」。攷《孝經》以「説」名者，《漢志》載《長孫氏説》二篇，江氏、后氏、翼氏、安昌侯説各一篇，四家俱無傳述。張禹之義既見劉瓛所引，則佚説六朝時尚存。《正義》取裁齊、梁諸疏，故得據而述之。又，《正義》引「鄭稱諸家」一條，則康成之先，禹在其内。合輯六節，古學已絶，聊存一綫云爾。歷城馬國翰竹吾甫。

孝經安昌侯説

漢　張禹　撰

第一章

邢昺《正義》曰：「案：《孝經》遭秦坑焚之後，爲河間顔芝所藏，初除挾書之律，芝子貞始出之。長孫氏及江翁、后蒼、翼奉、張禹等所説，皆十八章。及魯恭王壞孔子宅，得古文二十二章，孔安國作傳。劉向校經籍，比量二本，除其煩惑，以十八章爲定，而不列名。」

仲尼居。

仲者，中也；尼者，和也。言孔子有中和之德，故曰仲尼。邢昺《正義》引劉瓛述張禹之義。

第二章

子曰：愛親者，不敢惡於人；敬親者，不敢慢於人。

愛生於真，敬起自嚴，孝是真性，故先愛後敬也。《正義》引舊説。

《甫刑》云：「一人有慶，兆民賴之。」

天子自稱則言「予一人」。予，我也。言我雖身處上位，猶是人中之一耳，與人不異，是謙也。若人臣稱之，則惟言「一人」，言四海之内惟一人，乃爲尊稱也。《正義》引舊説。

第四章

非先王之法服不敢服，非先王之法言不敢言，非先王之德行不敢行。是故非法不言，非道不行。口無擇言，身無擇行，言滿天下無口過，行滿天下無怨惡。三者備矣，然後能守其宗廟，蓋卿大夫之孝也。《詩》云：「夙夜匪懈，以事一人。」

天子、諸侯各有卿大夫，此章既云言行滿于天下，又引《詩》云「夙夜匪懈，以事一人」，是舉天子卿大夫也。天子卿大夫尚爾，則諸侯卿大夫可知也。《正義》引舊説。

第五章

故以孝事君則忠。

入仕本欲安親，非貪榮貴也。若用安親之心，則爲忠也；若用貪榮之心，則非忠也。《正義》引舊説。

第六章

故自天子至於庶人，孝無終始而患不及者，未之有也。

患及身。《正義》引鄭曰：「諸家皆以爲患及身。」

（《玉函山房輯佚書·經編孝經類》）

孝經董氏義

【漢】董仲舒 撰
【清】王仁俊 輯

孝經董氏義

漢　董仲舒　撰

夫孝，天之經也，地之義也。

河間獻王問温城董君曰：「《孝經》曰：『夫孝，天之經，地之義。』何謂也？」對曰：「天有五行，木、火、土、金、水是也。木生火，火生土，土生金，金生水。水爲冬，金爲秋，土爲季夏，火爲夏，木爲春。春主生，夏主長，季夏主養，秋主收，冬主藏，藏，冬之所成也。是故父之所生，其子長之；父之所長，其子養之；父之所養，其子成之。諸父所爲，其子皆奉承而續行之，不敢不致如父之意，盡爲人之道也。故五行者，五行也。由此觀之，父授之，子受之，乃天之道也。故曰：『夫孝者，天之經也。』此之謂也。」王曰：「善哉！天經既聞得之矣，願聞地之義。」對曰：「地出雲爲雨，起氣爲風。風雨者，地之爲，爲地不敢有其功名，必上之於天命，若從天氣者，故曰天風天雨也，莫曰地風地雨也。勤勞在地，名一歸於天，非至有義，其孰能行此？故下事上，如地事天也，可謂大忠矣。土者，火之子也。五行莫貴於土，土之於四時，無所命者，不與火分功名。木名春，火名夏，金名秋，水名冬，忠臣之義、孝子之行取之土。土者，五行最貴者也，其義不可以加矣。五聲莫貴於宫，五味莫美於甘，五色莫〔一〕貴於黄，此謂孝者地之義也。」王曰：「善哉！」《春秋繁露·五行對》

行意可樂，容止可觀。

衣服容貌者，所以説目也；聲言應對者，所以説耳也；好惡者、去就者，所以説心也。故君子衣服中而容貌恭，則目説矣；聲言理、應對遜，則耳説矣；好仁厚而惡淺薄，就善人而遠僻鄙，則心説矣。故曰：「行意可樂，容止可觀。」此之謂也。

〔一〕「莫」原作「黄」，據《春秋繁露》改。

又俊按：臧琳《經義雜記》曰：「今文《孝經》作『容止可觀，進退可度』，董所述蓋古文也。『進退可度』與『容止可觀』意複，董子所述者是。」

（《玉函山房輯佚書續編·經編孝經類》）

孝經馬氏注

【漢】馬融 撰
【清】王仁俊 輯

《孝經注》一卷。後漢馬融撰。《釋文》:「馬融作《古文孝經傳》,世不傳。」侯君謨曰:「《隋書》已列馬注於亡書内,胡身之無緣得見。據《書》釋文,則此乃『肆類於上帝』注,或注《孝經》亦與之同,而胡身之從他書轉引耶?」吴縣王仁俊扞鄭甫。

孝經馬氏注

後漢　馬融　撰

宗祀文王於明堂，以配上帝。

上帝，泰一之神，在紫微宫，天之最尊者。《通鑑·漢平帝元始四年》「宗祀孝文以配上帝」下胡三省注引。俊按：胡注不引正文，今補列。

（《玉函山房輯佚書續編·經編孝經類》）

孝經鄭注補證

題【漢】鄭玄撰
【清】洪頤煊輯證

孝經鄭注補證

臨海洪頤煊

《釋文》本另行題「鄭氏」二字，又夾注「相承解爲鄭玄」。邢疏云：「今俗所行《孝經》，題曰鄭氏注。」又引《晉中經簿》：《周易》《尚書》《中候》《尚書大傳》《毛詩》《周禮》《儀禮》《禮記》《論語》凡九書，皆云「鄭氏注，名玄」。至於《孝經》，則稱「鄭氏解」，無「名玄」二字。今本「鄭注」二字，合於「孝經」大題之下，是後人所改。

開宗明義章○《釋文》本每章首俱有標題，今據補，下同。

仲尼居，仲尼，孔子字。［補］凥，凥講堂也。○補注見《釋文》。《說文》引古文《孝經》曰：「仲尼凥。」據《釋文》所引鄭注，經文本同。古文作「凥」，今本作「居」，疑後人所改。曾子侍。曾子，孔子弟子也。○《釋文》有此七字，不云「鄭注」。子曰：「先王有至德要道，子者，孔子。［補］禹，三王最先者。至德，孝悌也。要道，禮樂也。○補注見《釋文》。以順天下，民用和睦，上下無怨。以，用也。睦，親也。至德以教之，要道以化之，是以「民用和睦，上下無怨」也。汝知之乎？」○《釋文》：「女，本或作『汝』。」曾子避席○《釋文》：「辟，音避，注同，本或作『避』。」今本注無。曰：「參不敏，何足以知之？」參，名也。參不達。子曰：「夫孝，德之本也，人之行，莫大於孝，故曰「德之本也」。○邢疏與今本同，末句作「故爲德本」，文少異。《釋文》有「人之行」三字；「夫，音符，注及下同」，今注無「夫」字。教之所由生也。教人親愛，莫善於孝，故言「教之所由生」。復坐，○《釋文》云：「復，音服。坐，在卧反。注同。」今本注無。吾語汝。身體髮膚，受之父母，不敢毀傷，孝之始也。［補］父母全而生之，己當全而歸之，故不敢毀傷。○補注見邢疏。立身行道，揚名於後世，以顯父母，孝之終也。［補］父母得其顯譽也者。○補注見《釋文》。夫孝，始於事親，中於事君，終於立身。［補］父母生之，是事親爲始；卌疆而仕，是事君爲中；七十行步不逮，縣車致仕，是立身爲終也。○補注見邢疏。案，疏引作「七十致仕」，無「行步不逮縣車」六字，《釋文》本有之，今補。又疏引「卌」作「四十」，从《釋文》本改。《大雅》云：『無念爾祖，聿修厥德。』」《大雅》者，《詩》之篇名。雅者，正也。無念，無忘也。聿，述也。修，治也。爲孝之道，無敢忘爾先祖，當修治其德矣也。［補］雅者，正也。方始發章，以正爲始。○補注見邢疏。《釋文》引「無念無忘也」五字。

天子章

子曰：「愛親者，不敢惡於人；愛其親者，不敢惡於他人之親。○《釋文》：「惡，烏路反。注同。」敬親者，不敢慢於人。己慢人之親，人亦慢己之親，故君子不爲也。愛敬盡於事親，盡愛於母，盡敬於父。而德教加於百姓，敬以直内，義以方外，故德教加於百姓也。形於四海，形，見也。德教流行，見四海也。○《釋文》有「形見」二字。蓋天子之孝也。［補］蓋者，謙辭。○補注見邢疏。《吕刑》云：《釋文》作「甫刑」。『一人有慶，兆民賴之。』」《吕刑》，《尚書》篇名。一人，謂天子。天子爲善，天下皆賴之。［補］引譬連類。□億萬曰兆，天子曰兆民，諸侯曰萬民。○補注「引譬連類」四字，見《文選·與孫皓書》李善注。《釋文》有「引辟」二字。「億萬曰兆」以下，見《五經算術》。因文不連屬，故作□以别之。下並倣此。邢疏云：「鄭注以《書》録王事，故證《天子》之章，以爲引類得象。」案：「書録王事」二句是疏申明鄭注之文，鄭注止「引類得象」四字，與《釋文》《文選注》所見本不同。

諸侯章

在上不驕，高而不危；諸侯在民上，故言「在上」。敬上愛下，謂之「不驕」。故居高位而不危殆也。○「危殆」二字見《釋文》。制節謹度，滿而不溢。費用約儉，謂之「制節」。奉行天子法度，謂之「謹度」。故能守法而不驕逸也。[補]無禮爲驕，奢泰爲溢。○《釋文》有「費用約儉」四字，與今本同。又有「奢泰爲溢」一句。邢疏：「費用約儉，謂之制節。慎行禮法，謂之謹度。無禮爲驕，奢泰爲侈。」今本無末二句，今補。「慎行禮法」句，亦與今本少異。高而不危，所以長守貴也。居高位能不驕，所以長守貴也。滿而不溢，所以長守富也。雖有一國之財而不奢泰，故能長守富。富貴不離其身，富能不奢，貴能不驕，故云「不離其身」。○《釋文》：「離，力智反。注同。」然後能保其社稷，上能長守富貴，然後乃能安其社稷。而和其民人，薄賦斂，省傜役，是以民人和也。○《釋文》有「薄賦斂，省傜役」六字。蓋諸侯之孝也。[補]列土封疆。○補注見《釋文》。《詩》云：「戰戰兢兢，如臨深淵，如履薄冰。」戰戰，恐懼。兢兢，戒慎。如臨深淵，恐墜；如履薄冰，恐陷。[補]義取爲君恒須戒懼。○邢疏與今本同，惟作「臨深恐墜，履薄恐陷」，又有「義取」以下八字，爲少異，今補。《釋文》

有「恐隊恐陷」四字。

卿大夫章

非先王之法服不敢服，［補］法服，謂日、月、星辰、山、龍、華蟲、藻、火、粉米、黼、黻絺繡。□先王制五服，天子服日、月、星辰，諸侯服山、龍、華蟲，卿大夫服藻、火，士服粉米。□皆謂文繡也。□田獵、卜筮，冠皮弁，衣素積，百王同之，不改易。○補注「法服」以下見《北堂書鈔》八十六，「先王」以下見《北堂書鈔》一百二十八、《周禮·小宗伯》疏、《文選·大將軍讌會詩》注、《釋文》、《儀禮·少牢饋食禮》疏。非先王之法言不敢道，不合《詩》《書》，則不敢道。非先王之德行不敢行。不合禮樂，則不敢行。［補］禮以檢奢。○補注見《釋文》；「行，下孟反，注『德行』同」，今注無「行」字。是故非法不言，非《詩》《書》，則不言。非道不行。非禮樂，則不行。口無擇言，身無擇行，言滿天下無口過，行滿天下無怨惡。○《釋文》：「惡，烏路反。注同。」

今本注無。三者備矣，然後能守其宗廟，法先王服，言先王道，行先王德，則爲備矣。［補］爲作宮室。○補注見《釋文》。蓋卿大夫之孝也。［補］張宮設府，謂之卿大夫。○補注見《禮記·曲禮》疏。《詩》云：「夙夜匪懈，以事一人。」夙，早也。夜，暮也。一人，天子也。卿大夫當早起夜臥，以事天子，勿懈惰。○《釋文》有「夜莫也懈惰」五字。

士章

資於事父以事母，而愛同；事父與母，愛同，敬不同也。［補］資者，人之行也。○補注見《釋文》、《公羊·定四年》疏。資於事父以事君，而敬同。事父與君，敬同，愛不同。故母取其愛，而君取其敬，兼之者，父也。兼，并也。愛與母同，敬與君同，并此二者，事父之道也。故以孝事君則忠，移事父孝以事於君，則爲忠也。○邢疏與今本同，惟「也」字作「矣」。以敬事長則順。移事兄敬以事於長，則爲順矣。○邢疏與今本同。《釋文》：「長，丁丈反，注同。」忠順不失，以事其上，事君能忠，事長能順，二者不失，可以事上也。然後能保其禄位，而守其祭祀，[補]食稟爲禄，始爲曰祭。□别是非。○補注見《釋文》。蓋士之孝也。《詩》云：「夙興夜寐，無忝爾所生。」忝，辱也。所生，謂父母。士爲孝，當早起夜卧，無辱其父母也。

庶人章

子曰：「因天之道，春生夏長，秋收冬藏，順四時以奉事天道。○《釋文》、邢疏俱有「春生」以下八字。分地之利，分别五土，視其高下，此分地之利。[補]高田宜黍稷，下田宜稻黍，丘陵阪險宜種棗棘。○《釋文》有「分别五土」四字。邢疏引「分别五土」二句，又引「高田宜黍稷」二句。「丘陵」以下八字見《釋文》，今據補；又「分，方云反，注同」。**謹身節用，以養父母，**行不爲非爲謹身，富不奢泰爲節用。度財爲費，父母不乏也。○《釋文》云：「行不爲非，度財爲費，什一而出，無所復謙。」與今本少異。謙，古通作「慊」。**此庶人之孝也。故自天子至于庶人，孝無終始，而患不及己者，未之有也。**」總説五孝。上從天子，下至庶人，皆當孝無終始，能行孝道，故患難不及其身。未之有者，言未之有也。○《釋文》有「故患難不及其身也善未之有也」十三字，案邢疏引鄭曰：「諸家皆以爲患及身。」又云：「《蒼頡篇》謂『患』爲『禍』，孔、鄭、韋、王之學，引之以釋此經。」又引鄭曰：「《書》云：『天道福善禍淫。』」又曰：『惠迪吉，從逆凶，惟影響。』」「當朝通識者以爲鄭注非誤。」其大旨與今本略同。邢疏又引謝萬云：「言爲人無終始者，謂孝行有終始也。患不及者，謂用心憂不足也。能行如此之善，曾子所以稱難。故鄭注云『善未有也』。」《釋文》作「善未之有也」，是謝萬改本。

三才章

曾子曰：「甚哉，孝之大也！」上從天子，下至庶人，皆當爲孝無終始，曾子乃知孝之爲大。［補］語喟然。○補注見《釋文》。子曰：「夫孝，天之經也，春秋冬夏，物有死生，天之經也。地之義也，山川高下，水泉流通，地之義也。民之行也。孝悌恭敬，民之行也。○《釋文》有「孝弟恭敬」四字；「行，下孟反，注同」。天地之經，而民是則之。天有四時，地有高下，民居其閒，當是而則之。則天之明，則，視也。視天四時，無失其早晚也。因地之利，因地高下，所宜何等。以順天下。是以其教不肅而成，以，用也。用天四時、地利，順治天下，下民皆樂之，是以其教不肅而成也。○《釋文》有「民皆樂之」四字。其政不嚴而治。政不煩苛，故不嚴而治也。○《釋文》有「政不煩苛」四字。先王見教之可以化民也，見因天地教化民之易也。○邢疏與今本同。《釋文》有「民之易也」四字。是故先之以博愛，而民莫遺其親；先修人事，人事流化於民也。陳之以德義，而民興行；上好義，則民莫敢不服也。○《釋文》有「上好義」三字。先之以敬讓，而民不争；若文王敬讓於朝，虞芮推畔於野，上行之，則下效之法。○《釋文》「野」作「田」，下無「上行之」三字，又「之」下無「法」字，餘皆與今本同。道之以禮樂，而民和睦；上好禮，則民莫敢不敬。示之以好惡，而民知禁。善者賞之，惡者罰之，民知禁，不敢爲非也。○《釋文》：「惡，如字。」「禁，金鴆反。注同。」《詩》云：『赫赫師尹，民具爾瞻。』[補]若冢宰之屬，女當視民。○補注見《釋文》《毛詩·節南山》疏。

孝治章

子曰：「昔者明王之以孝治天下也，不敢遺小國之臣，古者諸侯歲遣大夫聘問天子，天子待之以禮，此不遺小國之臣者也。[補]昔，古也。○補注見《公羊傳序》疏。《釋文》有「聘問天子無恙」六字。而況於公侯伯子男乎？古者諸侯五年一朝天子，天子使世子郊迎，芻禾百車，以客禮待之。［補］晝坐正殿，夜設庭賚，思與相見，問其勞苦也。□當爲王者。□侯者，候伺；伯者，長；男者，任也。□德不倍。□別優。○《太平御覽》一百四十七引「古者諸侯」以下俱與今本同，惟不重「天子」二字，「待之」下有「晝坐正殿」十七字，今據補。「當爲王者」以下俱見《釋文》。又《釋文》有「五年一朝郊迎芻禾百車以客」十二字。「世子郊迎」又見《周禮・大行人》疏。故得萬國之歡心，以事其先王。諸侯五年一朝天子，各以其職來助祭宗廟，是得萬國之歡心，事其先王也。［補］天子亦五年一巡守。□勞來。○《禮記・王制》疏引《孝經注》云：「諸侯五年一朝天子，天子亦五年一巡守。」《釋文》有「五年一巡守勞來」七字，今據補。治國者不敢侮於鰥寡，而況於士民乎？治國者，諸侯也。［補］丈夫六十無妻曰鰥，婦人五十無夫曰寡。○補注見《毛詩・桃夭》疏、《文選・關中詩》注。故得百姓之歡心，以事其先君。治家者不敢失於臣妾之心，而況於妻子乎？［補］治家，謂卿大夫。□男子賤稱。○補注「治家，謂卿大夫」見邢疏。治，本作「理」，是避唐諱，今依經文改正。「男子賤稱」四字，見《釋文》。故得人之歡心，以事其親。［補］小大盡節。○補注見《釋文》。夫然，故生則親安之，養則致其樂，故親安之也。○《釋文》「養則致其樂」，「養」字在經文「夫然」上，傳寫之譌。祭則鬼饗之，祭則致其嚴，故鬼饗之也。是以天下和平，上下無怨，故和平。災害不生，風雨順時，百穀成熟。禍亂不作，君惠臣忠，父慈子孝，是以禍亂無緣得起也。故明王之以孝治天下也如此。故上明王所以災害不生，禍亂不作，以其孝治天下，故致於此。《詩》云：『有覺德行，四國順之。』」覺，大也。有大德行，四方之國順而行之也。○邢疏「覺，大也」下有「義取天子」四字，「德行」下有「則」字，「之」下無「也」字，餘與今本同。《釋文》：「行，下孟反，注同。」

聖治章

曾子曰：「敢問聖人之德，無以加於孝乎？」子曰：「天地之性，人爲貴。貴其異於萬物也。〇邢疏與今本同。人之行，莫大於孝，孝者，德之本，又何加焉？〇邢疏有「孝者德之本也」六字。孝莫大於嚴父，莫大尊嚴其父。嚴父莫大於配天，尊嚴其父，莫大於配天。生事愛敬，死爲神主也。則周公其人也。尊嚴其父，配食天者，周公爲之。昔者周公郊祀后稷以配天，郊者，祭天名。后稷者，周公始祖。〇經文「祀」，《釋文》作「巳」，音似，古通用。宗祀文王於明堂，以配上帝。文王，周公之父。明堂，天子布政之宮。上帝者，天之別名。［補］神無二主，故異其處，避后稷也。〇補注見《釋文》、《後漢・祭祀志》注。《祭祀志》注又有「明堂者，天子布政之宮。上帝者，天之別名也」二句，與今本同。是以四海之内，各以其職來祭。周公行孝於朝，越嘗重譯來貢，是得萬國之歡心也。〇《釋文》有「越常重譯」四字。夫聖人之德，又何以加於孝乎？孝悌之至，通於神明，豈聖人所能加？故親生之膝下，以養父母日嚴。〇《釋文》：「日，人實反。注同。」今本注無。聖人因嚴以教敬，因親以教愛。因人尊嚴其父，教之爲敬；因親近於其父，教之爲愛。順人情也。［補］致其樂。○補注見《釋文》；又有「親近於母」四字。案上文「母取其愛」，此注二句是分釋父母之義，今本「親近於其父」，疑即《釋文》「親近於母」傳寫之譌。聖人之教，不肅而成，聖人因人情而教民，民皆樂之，故不肅而成也。其政不嚴而治，其身正，不令而行，故不嚴而治。○《釋文》有「不令而行」四字。其所因者本也。本，謂孝也。○邢疏與今本同。父子之道，天性也。性，常也。君臣之義也。君臣非有天性，但義合耳也。父母生之，續莫大焉。父母生子，骨肉相連屬，復何加焉？○《釋文》有「復何加焉」四字。君親臨之，厚莫重焉。君親擇賢，顯之以爵，寵之以禄，厚之至也。故不愛其親而愛他人者，謂之悖德；人不能愛其親，而愛他人親者，謂之悖德。○《釋文》：「悖，補對反。注同。」不敬其親，而敬他人者，謂之悖禮。不能敬其親，而敬他人之親者，謂之悖禮也。以順則逆，以悖爲順，則逆亂之道也。民無則焉。則，法。不在於善，而皆在於凶德。惡人不能以禮爲善，乃化爲惡，若桀紂是爲善。○《釋文》、邢疏有「若桀紂是也」五字。邢疏引「若」上有「悖」字。原校云：「據《釋文》，『爲善』二字當作一『也』字。」雖得之，君子所不貴。不以其道，故君子不貴。君子則不然，言思可道，君子不爲逆亂之道，言中《詩》《書》，故可傳道也。○《釋文》有「言中詩書」四字。行思可樂，動中規矩，故可樂也。○《釋文》云：「樂，音洛，注同。」德義可尊，可尊法也。作事可法，可法則也。容止可觀，威儀中禮，故可觀。進退可度，難進而盡忠，易退而補過。○《釋文》與今本同；「忠」作「中」，古通用。以臨其民。是以其民畏而愛之，畏其刑罰，愛其德義。則而象之。〔補〕傚。○補注見《釋文》。故能成其德教，〔補〕漸也。○補注見《釋文》。而行其政令。〔補〕不令而伐謂之暴。○補注見《釋文》。《詩》云：『淑人君子，其儀不忒。』淑，善也。忒，差也。善人君子，威儀不忒，可法則也。○邢疏：「淑，善也。忒，差也。」與今本同。下云「義取君子，威儀不差，爲人法則」，與今本少異。又「忒，差也」三字，見《文選・永明十一年策秀才文》注。

紀孝行章

子曰：「孝子之事親，「補」也盡。○補注見《釋文》。居則致其敬，「補」盡其敬禮也。○《釋文》云：「一本作『則盡其敬也』。又一本作『盡其敬禮也』。」養則致其樂，樂竭歡心，以事其親。病則致其憂，「補」色不滿容，行不正履。○補注見邢疏。喪則致其哀，「補」擗踊哭泣，盡其哀情。○補注見邢疏、《釋文》。祭則致其嚴。「補」齊必變食。□敬忌。□踧。○補注見《釋文》。五者備矣，然後能事親。事親者，居上不驕，雖尊爲君，而不驕也。爲下不亂，爲人臣下，不敢爲亂也。在醜不争。忿争爲醜。醜，類也。以爲善不忿争也。○原校云：「『忿争爲醜』，疑有差誤。」《釋文》有「不忿争也」四字，與今本異；「『争鬭』之『争』，注及下同」。居上而驕則亡，富貴不以其道，是以取亡也。爲下而亂則刑，爲人臣下好作亂，則刑罰及其身。○《釋文》作「好□亂則刑罰及其身也」。在醜而争則兵。朋友中好爲忿争者，惟兵刃之道。三者不除，雖日用三牲之養，猶爲不孝。」夫愛親者，不敢惡於人之親。今反驕亂忿争，雖日致三牲之養，豈得爲孝子？○《釋文》有「不敢惡於人親」六字。

五刑章

子曰：「五刑之屬三千，五刑者，謂墨、劓、臏、宫割、大辟也。[補]科條三千。□穿窬盗竊者劓，刼賊傷人者墨，男女不與禮交者宫割，壞人垣墻、開人關鬮者臏，手殺人者大辟。○補注見《釋文》，「科條三千」下本有「謂劓墨宫割臏大辟」八字，因今本已載，故删之。而罪莫大於不孝。要君者無上，事君先事而後食禄，今反要君，此無尊上之道。非聖人者無法，非侮聖人者，不可法。○《釋文》有「非侮聖人者」五字。非孝者無親，己不自孝，又非他人爲孝，不可親。此大亂之道也。」事君不忠，侮聖人言，非孝。非孝者，大亂之道也。○《釋文》有「人行者」三字；「一本作『非孝行』」。此「非孝，非孝者」，當作「非孝行者」，傳寫之譌。

廣要道章

子曰：「教民親愛，莫善於孝。教民禮順，莫善於悌。［補］人行之次也。○補注見《釋文》；「弟，本亦作『悌』」。移風易俗，莫善於樂。夫樂者，感人情。樂正則心正，樂淫則心淫也。［補］惡鄭聲之亂雅樂也。○補注見《釋文》；上句云「樂感人情者也」，與此少異。安上治民，莫善於禮。上好禮，則民易使。○《釋文》與今本同，「使」下有「也」字。禮者，敬而已矣。敬禮之本，有何加焉。○邢疏：「敬者，禮之本也。」無下一句。故敬其父則子悦，［補］盡禮以事。○補注見《釋文》；「『悦』作『説』」，注及下皆同」。敬其兄則弟悦，敬其君則臣悦，敬一人而千萬人悦。所敬者寡，而悦者衆，所敬一人，是其少；千萬人悦，是其衆。此之謂要道也。」孝弟以教之，禮樂以化之，此謂要道也。

廣至德章

子曰：「君子之教以孝，非家至而日見之也。但行孝於内，流化於外也。［補］言教不必家到户至，日見而語之，但行孝於内，其化自流於外。○補注見邢疏。《釋文》有「而日語之但」五字；《文選·讓中書令表》注引作「非門到户至而見之」，《竟陵王行狀》注又引「見」上有「日」字，文皆少異。教以孝，所以敬天下之爲人父者也。天子無父事三老，所以教天下孝也。教以悌，所以敬天下之爲人兄者也。天子無兄事五更，所以教天下悌也。○《釋文》有「天子父事三老」「天子兄事五更」二句，此與上注二「無」字衍。教以臣，所以敬天下之爲人君者也。天子郊則君事天，廟則君事尸，所以教天下臣。《詩》云：『愷悌君子，民之父母。』以上三者，教於天下，真民之父母。非至德，其孰能順民如此其大者乎！」至德之君，能行此三者，教於天下也。

廣揚名章

子曰：「君子之事親孝，故忠可移於君；欲求忠臣，出孝子之門，故可移於君。事兄悌，故順可移於長；以敬事兄則順，故可移於長也。○《釋文》：「弟，本作『悌』。長，丁丈反。注同。」邢疏有「以敬事長則順」六字。居家理，故治可移於官。君子所居則化，所在則治，故可移於官也。○邢疏與今本同，無「所在則治」四字。《釋文》云：「治，直吏反，注同。讀『居家理故治』絶句。」是以行成於内，而名立於後世矣。」［補］修上三德於内，名自傳於後代。○補注見邢疏。

諫諍章

○今本無標題，下「諍」皆作「争」，與《漢書·霍光傳》引同。

曾子曰：「若夫慈愛恭敬，安親揚名，則聞命矣。敢問子從父之令，○《釋文》：「令，力政反，下及注皆同。」可謂孝乎？」子曰：「是何言與！是何言與！［補］孔子欲見諫諍之端。○補注見《釋文》；「歟，本今作『與』」。昔者天子有争臣七人，雖無道，不失其天下；七人者，謂大師、大保、大傅、左輔、右弼、前疑、後丞。維持王者，使不危殆。○《釋文》云：「『不失天下』，本或作『不失其天下』，『其』衍字耳。」今本經文衍「其」字。《後漢・劉瑜傳》注引作「七人，謂三公及左輔、右弼、先疑、後丞」。《釋文》有「左輔右弼前疑後丞使不危殆」十四〔二〕字。邢疏云：「孔、鄭二注及先儒所傳，並引《禮記・文王世子》以解『七人』之義。」諸侯有争臣五人，雖無道，不失其國；大夫有争臣三人，雖無道，不失其家；尊卑輔善，未聞其官。士有争友，則身不離於令名；令，善也。士卑無臣，故以賢友助己。○《釋文》「離」上無「不」字，「離，力智反」。今本「不」字疑後人所加。父有争子，則身不陷

〔二〕「四」當「二」之訛。

於不義。［補］父失則諫，故免陷於不義。○補注見邢疏。故當不義，則子不可以不争於父，臣不可以不争於君。故當不義，則争之。從父之令，又焉得爲孝乎？」委曲從父命，善亦從善，惡亦從惡，而心有隱，豈得爲孝乎？○《釋文》：「焉，於虔反，注同。」今注無「焉」字。

感應章

子曰：「昔者明王事父孝，故事天明；盡孝於父，則事天明。○《釋文》有「盡孝於父」四字。事母孝，故事地察；盡孝於母，能事地，察其高下，視其分察也。○《釋文》作「視其分理也」。案：注意以「分」訓「明」，以「理」訓「察」，「分察」二字，當从《釋文》作「分理」爲正。「能」字亦疑「則」字之譌。長幼順，故上下治。卑事於尊，幼順於長，故上下治。○《釋文》：「治，直吏反，注同。」天地明察，神明彰矣。事天能明，事地能察，德合天地，可謂彰也。○《釋文》：「章，本又作『彰』。」故雖天子，必有尊也，言有父也；雖貴爲天子，必有所尊，事之若父，三老是也。必有先也，言有兄也。必有所先，事之若兄，五更是也。宗廟致敬，不忘親也；設宗廟，四時齋戒以祭之，不忘其親。脩身慎行，恐辱先也。修身者，不敢毁傷；慎行者，不歷危殆。常恐已辱先也。宗廟致敬，鬼神著矣。事生者易，事死者難，聖人慎之，故重文。○邢疏引舊注與今本同，「重」下有「其」字。《釋文》有「事生者易□故重其文」九字。孝悌之至，通於神明，光于四海，無所不通。孝至於天，則風雨時；孝至於地，則萬物成；孝至於人，則重譯來貢。故無所不通也。○《釋文》有「則重譯來貢」五字。《詩》云：『自西自東，自南自北，無思不服。』」孝道流行，莫敢不服。○《釋文》有「莫不被」三字，云「本今作『莫不服』」；邢疏作「義取德教流行，莫不服義從化也」，皆與今本不同。

事君章

子曰：「君子之事上也，［補］上陳諫諍之義畢，欲見。○補注見《釋文》。進思盡忠，［補］死君之難爲盡忠。○補注見《釋文》《文選・三良詩》注。退思補過，將順其美，匡救其惡，故上下治，能相親也。君臣同心，故能相親。○原校云：「『治』字衍。」《詩》云：『心乎愛矣，遐不謂矣。中心藏之，何日忘之。』」

喪親章

子曰：「孝子之喪親也，［補］生事已畢，死事未見，故發此章。○補注見邢疏。《釋文》有「死事未見」四字。哭不偯，［補］氣竭而息，聲不委曲。○補注見邢疏。禮無容，言不文，［補］不爲趨翔，唯而不對也。○補注見《釋文》。服美不安，［補］去文繡，衣衰服也。○補注見《釋文》。 聞樂不樂，［補］悲哀在心，故不樂也。○補注見邢疏。《釋文》有「故不樂也」四字。 食旨不甘，［補］不嘗酸鹹而食粥。○補注見《釋文》。 此哀戚之情也。《釋文》「戚」作「慼」。據下文，皆作「哀慼」，此作「戚」者，傳寫脱耳。 三日而食，教民無以死傷生，毁不滅性，［補］毁瘠羸瘦，孝子有之。○補注見《文選・宋孝武宣貴妃誄》注。《釋文》無下句。 此聖人之政也。 喪不過三年，示民有終也。［補］三年之喪，天下達禮。不肖者企而及之，賢者俯而就之。□再期。○補注「三年之喪」二句見邢疏，「不肖者」以下見《釋文》。邢疏引下二句，文少異。 爲之棺槨、衣衾而舉之，［補］周尸爲棺，周棺爲槨，衾謂單。□可以亢尸而起也。○補注「周尸爲棺」二句見邢疏，「衾謂單」以下見《釋文》。 陳其簠簋而哀戚之；［補］内圓外方，受斗二升。○補注見《周禮・舍人》疏。又《儀禮・少牢饋食禮》疏引「外方曰簠」四字。 擗踴哭泣，哀以送之；［補］啼號竭情也。○補注見《釋文》；「踴」作「踊」。 卜其宅兆，而安措之；［補］葬事大，故卜之。○補注見邢疏。《釋文》：

「厝，本亦作『措』。」爲之宗廟，以鬼享之；［補］宗，尊也。廟，貌也。親雖亡没，事之若生，爲立宫室，四時祭之，若見鬼神之容貌。○補注見《毛詩·清廟》疏。春秋祭祀，以時思之。［補］四時變易，物有成孰，將欲食之，先薦先祖。念之若生，不忘親也。○補注見《太平御覽》五百二十五。生事愛敬，死事哀戚，生民之本盡矣，死生之義備矣，孝子之事親終矣。」［補］尋繹天經地義，究竟人情也。行畢，孝成。○補注見《釋文》。

［補］無遺纖也。○補注見《釋文》。

孝經鄭注

題【漢】鄭玄　撰

【清】嚴可均　輯

叙

漢儒有功聖經，莫如鄭氏。鄭氏《詩箋》《三禮注》，頒在學官；而《易》《書》《論語》注亡，近人輯本，殘闕不全；獨《孝經注》亡而復存，可與《詩》《禮》比竝，謹述其原委而爲之敘曰：

《孝經》鄭氏注，始見《晉中經簿》。江左中興，《孝經》《論語》共立鄭氏博士一人。齊、梁代，鄭氏注與古文孔安國傳並立，而孔傳本亡於梁亂，陳及周、齊，唯立鄭氏。隋王劭訪得孔傳本，劉炫爲作《述義》，復與鄭氏並立。儒者皆云炫自作之，非孔舊本。後百卅年，唐明皇爲御注，而鄭氏注與孔傳本漸微，宋元明不著録。乾隆中，歙鮑氏廷博始得日本國所刊孔傳本於海舶，編入《知不足齋叢書》，蓋即劉炫本也。嘉慶初，我鄉鄭氏復得日本所刊魏徵《羣書治要》，其中有《孝經》十七章，則鄭氏注也。兼得彼國所刊鄭氏注專行本，與《治要》同。《治要》於經注有删節，又無《喪親章》，非全本。余觀陸德明《經典釋文》，《孝經》用鄭氏注本。明皇御注，亦用鄭氏注甚多。元行沖等《正義》，逐條舉出，云「此用鄭義」。又徧觀孔穎達《詩》《禮記》正義，賈公彦《儀禮》《周禮》疏，失名《公羊疏》，裴駰《史記集解》，劉昭《續漢志注補》，沈約《宋書》，蕭子顯《齊書》，劉肅《大唐新語》，王溥《唐會要》，甄鸞《五經算術》，虞世南《原本北堂書鈔》，李善《文選注》，徐堅《初學記》，釋慧苑《華嚴音義》，《白孔六帖》，李昉《太平御覽》，樂史《太平寰宇記》，王應麟《玉海》，多引《孝經鄭氏注》，彙而録之，以補《治要》之闕。注明出處，以備覆查。攷覈異同，酌加按語，不敢臆改。尚闕數十百字，無從校補，蓋至是而《孝經鄭氏注》亡而復存。九百年來，晦極終顯，非劉炫古文所可同日而道矣。宜登之秘府，頒學官，刊行以傳百世。

或問曰：陸澄《與王儉書》云：「《孝經》題爲鄭玄注，觀其用辭，不與注《書》相類，玄自序所注衆書，亦無《孝經》。」陸德明《經典序録》亦云：「檢《孝經注》，與《五經》注不同。」如二陸説，注或可疑。」答曰：不然。鄭氏注書百餘萬言，非旦夕可就。先後不類，非所致疑。即如《五經》注，亦或不類。《坊記》正義引《鄭志》答炅模云：「爲《記》注時就盧君，先師亦然，後乃得毛公傳記古書，義又且然。《記》注已行，不復改之。」《禮器》正義亦引《鄭志》云：「後得《毛詩傳》，故與《記》不同。」若然，辭不相類，《詩》《禮》多有之，何止《孝經》？至謂自序所注衆書無《孝經》，尤爲偏據。劉炫《述義》引《六藝論》云：「孔子以六藝題目不同，指意殊别，恐道離散，後世莫知根源，故作《孝經》以總會之。」宗〔二〕均《孝經緯注》引鄭《六藝論》敘《孝經》云：「玄又爲之注。」此二事並見《孝經正義》，明是自序遺漏。鄭氏又别爲《孝經序》，《禮記·緇衣》正義、《大唐新語》《太平寰宇記》《玉海》各引一事，余既采列本經注篇端，兹故不載。就余所知，《鄭志》及謝承、薛瑩、司馬彪、袁山松等書，載鄭氏所注無《孝經》，

〔二〕按《隋書·經籍志》爲緯書作注者乃「宋均」，「宗」或爲「宋」之譌。

范書有《孝經》無《周禮》，皆是遺漏。《正義》云：「《晉中經簿》稱鄭氏解。」《經典序録》云：「《中經簿》無。」則所據本異也。

或又問曰：近人疑《孝經》鄭小同注，何據乎？答曰：此說始於《太平寰宇記》，謂今《孝經序》，蓋康成徹孫所作。蓋者，疑辭。徹孫必誤，近刻改爲胤孫，得之矣。小同，漢魏間通人，注本幸存，亦宜寶貴。然而舊無此說。《經典序録》云：「世所行鄭注，相承以爲鄭玄。」引晉穆帝集講《孝經》云『以鄭玄爲主』；陸澄所見宋齊本，題鄭玄注；《舊唐志》《新唐志》稱『鄭玄注』，未有題『鄭小同』者也。」

嘉慶乙亥歲夏六月既望，烏程嚴可均謹敘。

孝經

鄭氏注正義云：「今俗所行《孝經》題曰『鄭氏注』。」《晉中經簿》稱「鄭氏解」。

嚴可均　輯

序云：《孝經》者，三才之經緯，五行之綱紀。孝爲百行之首，經者不易之稱。《玉海》四十一。僕避難於南城《太平御覽》有「之」字。山，棲遲巖石之下，念昔先人，餘暇述夫子之志，而注《孝經》。劉肅《大唐新語》九、《御覽》四十二「南城山」、《太平寰宇記》二十三「費縣」。《春秋》有呂國而無甫侯。《禮記·緇衣》正義。

開宗明義章第一

《正義》云：「今鄭注見章名。」按：《釋文》用鄭注，本有章名。

《羣書治要》無章名。據《天子章》注云：「《書》録王事，故證《天子》之章。」是鄭注見章名也。

仲尼尻，《治要》作「居」，今依注改。㊟仲尼，孔子字。《治要》。尻，尻講堂也。《釋文》。曾子侍。㊟曾子，孔子弟子也。《治要》。子曰：「先王有至德要道，㊟子者，孔子。《治要》。禹，三王最先者。《釋文》。按：《釋文》此下有「案五帝官天下，三王，禹始傳於子，於殷配天，故爲教孝之始。王，謂文王也」二十八字。蓋皆鄭注，唯因有「案」字，與鄭注各經不類，故疑爲陸德明申説之詞，退附於注末。至德，孝悌也。要道，禮樂也。《釋文》。以順天下，民用和睦，上下無怨。㊟以，用也。睦，親也。至德以教之，要道以化之，是以「民用和睦，上下無怨」也。《治要》。女知之乎？」曾子避席曰：「參不敏，何足以知之？」㊟參，名也。《治要》。敏，猶達也。《儀禮·鄉射記》疏。參不達。《治要》。子曰：「夫孝，德之本也，㊟人之行，莫大於孝，故曰「德之本也」。《治要》。教之所由生也。

㊟教人親愛，莫善於孝，故言「教之所由生」。《治要》。　復坐，吾語女。　身體髮膚，受之父母，不敢毀傷，孝之始也。　㊟父母全而生之，己當全而歸之。　明皇注。《正義》云：「此依鄭注引《祭義》樂正子春之言也。」立身行道，揚名於後世，以顯父母，孝之終也。　㊟父母得其顯譽也者。《釋文》。　語未竟，或當作「者也」，轉寫倒。　夫孝，始於事親，中於事君，終於立身。　㊟父母生之，是事親爲始；　卌彊《正義》作「四十强」，依《釋文》改。　而仕，是事君爲中；　七十行步不逮，縣車已上六字依《釋文》加。　致仕，按：《釋文》有校語云：「自『父母』至『仕』字，本今無。」蓋宋人不知《釋文》用鄭注本也。　後皆放此。　是立身爲終也。《正義》。　《大雅》云：『無念尒按：《釋文》作「爾」，有校語云：「本今作『爾』。」知原本是「尒」字，今改復。　祖，聿修厥德。』」㊟《大雅》者，《詩》之篇名。《治要》。　雅者，正也。　方始發章，以正爲始。《正義》。　無念，無忘也。　聿，述也。　修，治也。　爲孝之道，無敢忘尒先祖，當修治其德矣。《治要》。

天子章第二

子曰：「愛親者，不敢惡於人；㊟愛其親者，不敢惡於他人之親。《治要》。敬親者，不敢慢於人。㊟己慢人之親，人亦慢己之親，故君子不爲也。《治要》。愛敬盡於事親，㊟盡愛於母，盡敬於父。《治要》。而德教加於百姓，㊟敬以直内，義以方外，故德教加於百姓也。《治要》。形于四海，㊟形，見也。德教流行，見四海也。《治要》。按：文當有「于」字。蓋天子之孝也。㊟蓋者，謙辭。《正義》。《甫刑》《治要》作《吕刑》，《釋文》作《甫刑》，今依《釋文》。云：『一人有慶，兆民賴之。』」㊟《甫刑》，《尚書》篇名。《治要》。引譬連類，《文選・孫子荆〈爲石仲容與孫皓書〉》注。《釋文》作「引辟」，云：「或作『譬』，同。」引類得象，《書》録王事，故證《天子》之章。《正義》。一人，謂天子。《治要》。億萬曰兆。天子曰兆民，諸侯曰萬民。《五經算術》上。按：甄鸞引此，但云從《孝經注》釋之，今知鄭注者，《隋・經籍志》云：「周齊唯傳鄭氏。」天子爲善，天下皆賴之。《治要》。

諸侯章第三

在上不驕，高而不危；㊟諸侯在民上，故言「在上」。敬上愛下，謂之「不驕」。故居高位而不危殆也。《治要》。制節謹度，滿而不溢。㊟費用儉約，謂之「制節」。奉行天子法度，謂之「謹度」。故能守法而不驕逸也。《治要》。泰奢爲溢。《釋文》。高而不危，所以長守貴也。㊟居高位能不驕，所以長守貴也。《治要》。滿而不溢，所以長守富也。㊟雖有一國之財而不奢泰，故能長守富。《治要》。富貴不離其身，㊟富能不奢，貴能不驕，故云「不離其身」。《治要》。然後能保其社稷，㊟社，謂后土也。句龍爲后土。《周禮·封人》疏、《禮記·郊特牲》正義。按：注不言「稷」，猶未竟。而和其人民，㊟薄賦斂，省徭役，是以民人和也。《治要》。蓋諸侯之孝也。㊟列土封疆，謂之諸侯。《周禮·大宗伯》疏。《詩》云：「戰戰兢兢，如臨深淵，如履薄冰。」㊟戰戰，恐懼。兢兢，戒慎。如臨深淵，恐隊；如履薄冰，恐陷。《治要》。義取爲君恒須戒懼。明皇注。「戰戰」至「戒懼」,《正義》云:「此依鄭注也。」

卿大夫章第四

非先王之法服不敢服,㊟法服,謂先王制五服,天子服日、月、星辰,諸侯服山、龍、華蟲,卿大夫服藻、火,士服粉米,皆謂文繡也。《釋文》,《周禮·小宗伯》疏,《北堂書鈔》原本八十六《法則》、一百二十八《法服》,《文選·陸士龍〈大將軍讌會詩〉》注。按:鄭注《禮器》云「天子服日、月以至黼、黻」,「諸侯自山、龍以下」,今此不至黼、黻,闕文也。《釋文》出「服藻火,服粉米」六字,服、粉連文,是注作「卿大夫服藻、火,士服粉米」明甚。若馬融《書》説,則卿大夫服藻、火、粉米,士服藻、火,鄭所不從。漢儒於五服五章,各自爲説,未可畫一也。田獵、戰伐、卜筮,冠皮弁,衣素積,百王同之,不改易也。《詩·六月》正義、《儀禮·士冠記》疏、《少牢饋食禮》疏。非先王之法言不敢道,㊟不合《詩》《書》,不敢道。《治要》。非先王之德行不敢行。㊟禮以檢奢。《釋文》。按：此下當有「樂以」云云，闕。不合禮樂，則不敢行。《治要》。口無擇言，身無擇行，言滿天下無口過，行滿天下無怨惡。三者備矣，㊟法先王服，言先王道，行先王德，則爲備矣。《治要》。然後能守其宗廟，㊟宗，尊也。廟，貌也。親雖亡没，事之若生，爲作《正義》作「立」，今依《釋文》。宫室，四時祭之，若見鬼神之容貌。《詩·清廟》正義。蓋卿大夫之孝也。㊟張宫設府，謂之卿大夫。《禮記·曲禮上》正義。《詩》云：「夙夜匪懈，以事一人。」㊟夙，早也。夜，莫也。《治要》。匪，非也。懈，惰也。《華嚴音義》二十。一人，天子也。卿大夫當早起夜卧，以事天子，勿懈墯。《治要》。

士章第五

資於事父以事母，而愛同；㊟資者，人之行也。《釋文》《公羊·定四年》

疏。事父與母，愛同，敬不同也。《治要》。資於事父以事君，而敬同。㊟事父與君，敬同，愛不同。《治要》。故母取其愛，君取其敬，兼之者，父也。㊟兼，并也。愛與母同，敬與君同，兼此二者，事父之道也。《治要》。故以孝事君則忠，㊟移事父孝以事於君，則爲忠矣。《治要》「矣」作「也」，依明皇注改。《正義》云：「此依鄭注也。」以敬事長則順。㊟移事兄敬以事於長，則爲順矣。《治要》。忠順不失，以事其上，㊟事君能忠，事長能順，二者不失，可以事上也。《治要》。然後能保其禄位，㊟食稟爲禄。《釋文》。而守其祭祀，㊟始爲日祭。《釋文》。按：《初學記》十三引《五經異義》曰：「謹案，叔孫通宗廟有日祭之禮，知古而然也。」《藝文類聚》三十八同。蓋士之孝也。㊟別是非。《釋文》。語未竟。《白虎通・爵篇》引《傳》曰：「通古今、辨然不，謂之士。」別是非，即辨然不也。《詩》云：「夙興夜寐，無忝尒所生。」㊟忝，辱也。所生，謂父母。士爲孝，當早起夜卧，無辱其父母也。《治要》。

庶人章第六

子曰：《治要》。「因《治要》。按：余蕭客所見影宋蜀大字本，亦有「子曰」，亦作「因」。天之道，㊟春生，夏長，秋收，冬藏，順四時以奉事天道。《治要》。分地之利，㊟分別五土，視其高下，若高田宜黍稷，下田宜稻麥，丘陵阪險宜種棗栗。《治要》《正義》《初學記》五、《御覽》三十六、《唐會要》七十七。按：《釋文》「宜棗棘」，云：「一本作『宜種棗棘』。」蓋鄭玄注是「棘」字，《小爾雅》「棘實謂之棗」，可以互證。諸引作「棗栗」，所據本異也。此分地之利。《治要》。謹身節用，以養父母，㊟行不爲非爲謹身，富不奢泰爲節用。度財爲費，《治要》。什一而出，《釋文》。父母不乏也。《治要》。此庶人之孝也。㊟無所復謙。《釋文》。故自天子至於庶人，孝無終始，而患不及己者，明皇本無「己」字，蓋臆刪耳。據鄭注「患難不及其身」，「身」即「己」也。《正義》引劉瓛云：「而患行孝不及己者。」又云：「何患不及己者哉。」則經文元有「己」字。未之有也。㊟總説五孝，上從天子，下至庶人，皆當孝無終始，能行孝道，故患難不及其身也。《治要》無「也」字，依《釋文》加。《正義》引劉瓛云：「鄭、王諸家，皆以爲患及身。」又云：「《倉頡篇》謂『患』爲『禍』，孔、鄭、韋、王之學，引之以釋此經。」末之有者，言未之有也。《治要》。按《釋文》「言」字作「善」，一本作「難」。《正義》引謝萬云：「能行如此之善，曾子所以稱難，故鄭注云『善未有也』。」今按：難、善，二本皆誤。其致誤之由，以鄭注有「皆當孝無終始」之語，而下章復有此語，實則兩「無」字並宜作「有」。何以明之？經云「孝無終始」者，承首章「始於事親，終於立身」。故此言人之行孝，倘不能有始有終，未有禍患不及其身者也。晉時傳寫承誤，謝萬、劉瓛雖曲爲之説，於義未安。今擬改鄭注云「皆當孝有終始」，即經指明白矣。末句尚有差誤，不敢意定。

三才章第七

曾子曰：「甚哉！注語喟然。《釋文》。孝之大也。」注上從天子，下至庶人，皆當孝無終始。曾子乃知孝之爲大。《治要》。子曰：「夫孝，天之經也，㊟春秋冬夏，物有死生，天之經也。《治要》。地之義也，㊟山川高下，水泉流通，地之義也。《治要》。民之行也。㊟孝悌恭敬，民之行也。《治要》。天地之經，而民是則之。㊟天有四時，地有高下，民居其間，當是而則之。《治要》。則天之明，㊟則，視也。視天四時，無失其早晚也。《治要》。因地之利，㊟因地高下所宜何等。《治要》。以順天下。是以其教不肅而成，㊟以，用也。用天四時、地利，順治天下，下民皆樂之。是以其教不肅而成也。《治要》。其政不嚴而治。㊟政不煩苛，故不嚴而治也。《治要》。先王見教之可以化民也，㊟見因天地教化民之易也。《治要》。是故先之以博愛，而民莫遺其親；㊟先修人事，流化於民也。《治要》。陳之以德義，而民興行；㊟上好義，則民莫敢不服也。《治要》。先之以敬讓，而民不争；㊟若文王敬讓於朝，虞、芮推畔於野。《釋文》作「田」。上行之，則下效法之。《治要》。

道之以禮樂，而民和睦；㊟上好禮，則民莫敢不敬。《治要》。示之以好惡，而民知禁。㊟善者賞之，惡者罰之，民知禁，不敢爲非也。《治要》。《詩》云：『赫赫師尹，民具尒瞻。』」㊟師尹，若冢宰之屬也。女當視民。《釋文》。語未竟。

孝治章第八

子曰：「昔者明王之以孝治天下也，不敢遺小國之臣，㊟昔，古也。《公羊·序》疏。古者諸侯歲遣大夫，聘問天子無恙。此二字依《釋文》加。天子待之以禮，此不遺小國之臣者也。《治要》。而況於公侯伯子男乎？㊟古者諸侯五年一朝天子，天子使世子郊迎，芻禾百車，以客禮待之。《治要》。晝坐正殿，夜設庭寮，思與相見，問其勞苦也。《御覽》一百四十七。當爲王者。《釋文》。

按：此上下闕，疑申説前所云世子也。又按：《釋文》：「當爲，于僞反，下皆同。」今此下注「爲」字未見，是闕者尚多；又當有「公者，通也」，闕。矦者，候伺；伯者，長；《釋文》。下當有「子者，字也」，闕。男者，任也。《釋文》。德不倍者，不異其爵。功不倍者，不異其土。故轉相半，别優劣。《禮記・王制》正義。故得萬國之歡心，以事其先王。㊟諸侯五年一朝天子，各以其職來助祭宗廟。《治要》。天子亦五年一巡狩，《王制》正義。勞來，《釋文》。上下闕。是得萬國之歡心，下當有「以」字。事其先王也。《治要》。治國者不敢侮於鰥寡，而況於士民乎？㊟治國者，諸侯也。《治要》。丈夫六十無妻曰鰥，婦人五十無夫曰寡也。《詩・桃夭》正義、《文選・潘安仁〈關中詩〉》注。故得百姓之歡心，以事其先君。治家者不敢失於臣妾之心，㊟治家，謂卿大夫。明皇注。《正義》云：「此依鄭注也。」男子賤稱。《釋文》。按：此注上當有「臣」字，下當有「妾，女子賤稱」。而況於妻子乎？故得人之歡心，以事其親。㊟小大盡節。《釋文》。夫然，故生則親安之，㊟養則致其樂，故親安之也。《治要》。祭則鬼饗之。㊟祭則致其嚴，故鬼饗之。《治要》。是以天下和平，㊟上下無怨，故和平。《治要》。災害不生，㊟風雨順時，百穀成孰。《治要》。禍亂不作，㊟君惠，臣忠，父慈，子孝，是以禍亂無緣得起也。《治要》。故明王之以孝治天下也如此。㊟故上明王所以災害不生，禍亂不作，以其孝治天下，故致於此。《治要》。《詩》云：『有覺德行，四國順之。』」㊟覺，大也。有大德行，四方之國，順而行之也。《治要》。

聖治章第九

曾子曰：「敢問聖人之德，無以加於孝乎？」子曰：「天地之性，人爲貴。㊟貴其異於萬物也。《治要》。人之行，莫大於孝，㊟孝者，德之本，又何加焉？《治要》。孝莫大於嚴父，㊟莫大於尊嚴其父。《治要》。

嚴父莫〔一〕大於配天，㊟尊嚴其父，莫大於配天。生事愛敬，死爲神主也。《治要》。則周公其人也。㊟尊嚴其父，配食天者，周公爲之。《治要》。昔者周公郊祀后稷以配天，㊟郊者，祭天之名。《治要》《宋書・禮志三》。后稷者，周公始祖。《治要》。東方青帝靈威仰，周爲木德，威仰木帝。《正義》。按：此注上下闕。《正義》云：「鄭以《祭法》有周人禘嚳之文，變郊爲祀感生之帝，謂東方青帝云云。」詳鄭意，蓋以爲配天者，配東方天帝，非配昊天上帝也。周人禘嚳而郊稷。禘祀昊天上帝，以帝嚳配；郊祀感生帝，以后稷配。宗祀文王於明堂，以配上帝。㊟文王，周公之父。明堂，天子布政之宮。《治要》。明堂之制，八窗四闥。《御覽》一百八十八。上圓下方，《白孔六帖》十。在國之南。《玉海》九十五。南是明陽之地，故曰明堂。《正義》。上帝者，天之別名也。《治要》《史記・封禪書》集解、《宋書・禮志三》。又《南齊書》九作「上帝，亦天別名」。按，鄭以上帝爲天之別名也者，謂五方天帝，

〔一〕「莫」原作「若」，據《孝經注疏》改。

別名上帝，非即昊天上帝也。《周官·典瑞》「以祀天、旅上帝」，明上帝與天有差等。故鄭注《禮記·大傳》引《孝經》云：「『郊祀后稷，以配天』，配靈威仰也。『宗祀文王於明堂，以配上帝』，汎配五帝也。」又注《月令》「孟春」云：「上帝，太微之帝也。」《月令》正義引《春秋緯》：「紫微宮爲大帝，太微宮爲天庭，中有五帝座。」五帝，五精之帝，合五帝與天爲六天。自從王肅難鄭，謂「天一而已，何得有六」，後儒依違不定。然明皇注此「配上帝」云「五方上帝」，猶承用鄭義，不能改易也。神無二主，故異其處，避后稷也。《史記·封禪書》集解、《續漢·祭祀志中》注補。又《宋書·禮志三》作「明堂異處，以避后稷」。是以四海之內，各以其職來助祭。舊脱「助」字，依《禮器》正義加。㊟周公行孝於朝，《治要》脱「於」字，依《釋文》加。越裳重譯來貢，是得萬國之歡心也。《治要》。夫聖人之德，又何以加於孝乎？㊟孝弟之至，通於神明，豈聖人所能加？《治要》。故親生之膝下，以養父母日嚴。㊟致其樂。《釋文》。按：上當有「養以」二字，下闕。聖人因嚴以教敬，因親以教愛。㊟因人尊嚴其父，教之爲敬；因親近於其母，教之爲愛，順人情也。《治要》。聖人之教，不肅而成，㊟聖人因人情而教民，民皆樂之，故不肅而成也。《治要》。其政不嚴而治，㊟其身正，不令而行，故不嚴而治。《治要》。其所因者本也。㊟本，謂孝也。《治要》。父子之道，天性也。㊟性，常也。《治要》。君臣之義也。㊟君臣非有天性，但義合耳。《治要》。父母生之，續莫大焉。㊟父母生之，骨肉相連屬，復何加焉。《治要》。君親臨之，厚莫重焉。㊟君親擇賢，顯之以爵，寵之以禄，厚之至也。《治要》。故不愛其親，而愛他人者，謂之悖德；㊟人不能愛其親，而愛他人之親者，「之」字依下注加。謂之悖德。《治要》。不敬其親，而敬他人者，謂之悖禮。㊟不能敬其親，而敬他人之親者，謂之悖禮也。《治要》。以順則逆，㊟以悖爲順，則逆亂之道也。《治要》。民無則焉。㊟則，法。《治要》。不在於善，而皆在於凶德。㊟惡人不能以禮爲善，乃化爲惡，若桀、紂是也。《治要》。雖得之，君子所不貴。明皇本無「所」字，「貴」下有「也」字。㊟不以其道，故君子不貴。《治要》。君子則不然，言思可道，㊟君子不爲逆亂之道，言中《詩》《書》，故可傳道也。《治要》。行思可樂，㊟動中規矩，故可樂也。《治要》。德義可尊，㊟可尊法也。《治要》。作事可法，㊟可法則也。《治要》。容止可觀，㊟威儀中禮，故可觀。《治要》。進退可度，㊟難進而盡忠，易退而補過。《治要》。以臨其民。是以其民畏而愛之，㊟畏其刑罰，愛其德義。《治要》。則而象之，㊟傚。《釋文》。上下闕。故能成其德教，㊟漸也。《釋文》。上闕。而行其政令。㊟不令而伐謂之暴。《釋文》。上下闕。《詩》云：『淑人君子，其儀不忒。』」㊟淑，善也。忒，差也。善人君子，威儀不忒，可法則也。《治要》。

紀孝行章第十

子曰：「孝子之事親也，《治要》無「也」字，依明皇本加。居則致其敬，㊟

也盡《釋文》。按：明皇注云：「平居必盡其敬。」則「也」字當作「必」。禮也。《釋文》。按：「禮」上當有「其敬」。《釋文》云：「一本作『盡其敬也』，又一本作『盡其敬禮也』。」養則致其樂，㊟樂竭歡心，以事其親。《治要》。病則致其憂，㊟色不滿容，行不正履。明皇注。《正義》云：「此依鄭注也。」喪則致其哀，㊟擗踊哭泣，盡其哀情。《北堂書鈔》原本九十三《居喪》。「哀」字，依明皇注加。《正義》云：「此依鄭注也。」祭則致其嚴。㊟齋必變食，居必遷坐，敬忌踧踖，若親存也。《北堂書鈔》原本八十八《祭祀總》。五者備矣，然後能事親。事親者，居上不驕，㊟雖尊爲君，而不驕也。《治要》。爲下不亂，㊟爲人臣下，不敢爲亂也。《治要》。在醜不争。㊟忿争爲醜。醜，類也。以爲善，不忿争也。《治要》。有校語云：「『忿争爲醜』，疑有差誤。」今按：「以爲善」，亦有脱誤。據下文「在醜而争」注「朋友中好爲忿争」，此當云「朋友爲醜」。《曲禮》「在醜夷不争」注：「醜，衆也。夷，猶儕也。」義亦不殊。據《諫争章》「士有争友」注「以賢友助己」，此當云「助己爲善」。「已」、「己」形近，「以」即

「己」，脱一「助」字，存疑俟定。居上而驕則亡，㊟富貴不以其道，是以取亡也。《治要》。爲下而亂則刑，㊟爲人臣下好爲亂，則刑罰及其身也。《治要》無「也」字，依《釋文》加。在醜而争則兵。㊟朋友中好爲忿争，惟兵刃之道。《治要》。三者不除，雖日用三牲之養，猶爲不孝也。」㊟夫愛親者，不敢惡於人之親。今反驕亂忿争，雖日致三牲之養，豈得爲孝乎？《治要》。

五刑章第十一

子曰：「五刑之屬三千，㊟五刑者，謂墨、劓、臏、宫割、大辟也。《治要》。科條三千，《釋文》。謂劓、按：「劓」當作「墨」。當云「墨之屬千」。墨、按：當作「劓」。當云「劓之屬千」，下當有「臏之屬五百」。宫割、按：當云「宫割之屬三百」。大辟。按：當云「大辟之屬二百也」。穿窬盗竊者劓，《釋文》云：「與《周禮注》不同。」按：

「劓」當作「墨」。劫賊傷人者墨，《釋文》云：「義與《周禮注》不同。」按：「墨」當作「劓」。男女不以禮交者宫割，壞人垣牆、開人關闔者臏，《釋文》云：「與《周禮》並同，微異。」按：「男女」至「宫割」九字，當在「臏」字之下。《周禮·司刑》二千五百罪，以墨、劓、宫、刖、殺爲次第。《吕刑》以墨、劓、剕、宫、大辟爲次第。刖、剕即臏也。此經言「五刑之屬三千」，明依《吕刑》。《治要》載鄭注，次第不誤。《釋文》改就《周禮》，非。手殺人者大辟。《釋文》云：「亦與《周禮注》不同。」按：《周禮注》者，《司刑注》引《書傳》也。《書傳》是伏生今文説，鄭受古文，與伏生説不同。《司刑注》云：「其刑書則亡。」明所説目畧，衰周法家追定，周初未必有之。鄭亦據法家爲説，各有所本，不必强同。而鄭意又有可推得者，唐虞象刑，《吕刑》用罰爲刑，法家之説，雖無害於經，究未足以説經。故注《吕刑》無此目畧，陸爲先陸所誤，抉擇異同，實爲隔硋。或難曰：「《書》，鄭本亡，何以知《吕刑》注無此目畧？」答曰：「陸稱與《周禮注》不同，不稱與《書注》不同，足以明之。」而罪莫大於不孝。要君者無上，㊟事君，先事而後食禄，今反要之，此無尊上之道。《治要》。非聖人者無法，㊟非侮聖人者，不可法。《治要》。非孝者無親，㊟己不自孝，又非他人爲孝，《釋文》作「人行者」；「一本作『非孝行』」。合二本訂之，或此當云「又非他人行孝者」。不可親。《治要》。此大亂之道也。」㊟事君不忠，侮聖人言，非孝者，大亂之道也。《治要》。

廣要道章第十二

子曰：「教民親愛，莫善於孝。教民禮順，莫善於悌。㊟人行之次也。《釋文》。移風易俗，莫善於樂。㊟夫樂者，感人情者也。「者也」二字，依《釋文》加。樂正則心正，樂淫則心淫也。《治要》。惡鄭聲之亂樂也。《釋文》。上闕。安上治民，莫善於禮。㊟上好禮，則民易使也。《治要》《釋文》。禮者，敬而已矣。㊟敬者，禮之本，有何加焉？《治要》。故敬其父則子説，《治要》作「悦」。今依《釋文》，下皆同。敬其兄則弟説，敬其君則臣説，敬一人而千萬人説。㊟盡禮以事。《釋文》。語未竟。所敬者寡，而説者衆，㊟所敬一人，是其少；千萬人説，是其衆。《治要》。此之謂要道也。」㊟孝悌以教之，禮樂以化之，此謂要道也。《治要》。

廣至德章第十三

子曰：「君子之教以孝也，非家至而日見之也。㊟言教此二字依明皇注加。《正義》云：「此依鄭注也。」非門到户至，而日見而語此二字依明皇注加。《正義》云：「此依鄭注也。」《釋文》有「語之」二字。之也。《文選・庾亮〈讓中書令表〉》注，又《任昉〈齊竟陵王行狀〉》注。但行孝於内，流化於外也。《治要》。教以孝，所以敬天下之爲人父者也。㊟天子父事三老，所以敬天下老也。《治要》。教以悌，所以敬天下之爲人兄者也。㊟天子兄事五更，所以教天下悌也。

《治要》。教以臣，所以敬〔一〕天下之爲人君者也。㊟天子郊，則君事天，廟，則君事尸，所以教天下臣。《治要》。《詩》云：『愷悌君子，民之父母。』㊟以上三者，教於天下，真民之父母。《治要》。非至德，其孰能順民如此其大者乎！」㊟至德之君，能行此三者，教於天下也。《治要》。

廣揚名章第十四

子曰：「君子之事親孝，故忠可移於君。㊟以孝事君則忠。明皇注。《正義》云：「此依鄭注也。」欲求忠臣，出孝子之門，故可移於君。《治要》。事兄悌，故順可移於長；㊟以敬事兄則順，故可移於長也。《治要》。居家理，故治可移於官。㊟君子所居則化，所在則治，故可移於官也。《治要》。是

〔一〕「敬」原作「教」，據《孝經注疏》改。

以行成於内，而名立於後世矣。」㊟修上三德於内，名自傳於後世。明皇注。《正義》：「此依鄭注也。」「世」字，明皇注作「代」，避諱，今改復。

諫争章第十五

曾子曰：「若夫慈愛恭敬，安親揚名，則聞命矣。敢問子從父之令，可謂孝乎？」子曰：「是何言與？是何言與？㊟孔子欲見諫争之端。《釋文》。昔者天子有争臣七人，雖無道，不失其天下；《釋文》無「其」字，云「本或作『不失其天下』」，『其』衍字耳」。按：今世行本，自開成石經以下，皆有「其」字，唯石臺本無。㊟七人者，謂太師、太保、太傅、按：《後漢・劉瑜傳》注作「謂三公」，約文也。左輔、右弼、前疑、後丞，維持王者，使不危殆。《治要》。諸侯有争臣五人，雖無道，不失其國；大夫有争臣三人，雖無道，不失其家；㊟尊卑輔善，未聞其官。《治要》。士有争友，則身不離於令名；㊟令，善也。士卑無臣，故以賢友助己。《治要》。父有争子，則身不陷於不義。㊟父失則諫，故免陷於不義。明皇注。《正義》云：「此依鄭注也。」故當不義，則子不可以不争於父，臣不可以不争於君。故當不義則争之。從父之令，又焉得爲孝乎？」㊟委曲從父母，善亦從善，惡亦從惡，而心有隱，豈得爲孝乎？《治要》。

感應章第十六

子曰：「昔者明王事父孝，故事天明；㊟盡孝於父，則事天明。《治要》。事母孝，故事地察；㊟盡孝於母，當有「則」字。能事地，察其高下，視其分理也。《治要》「理」作「察」，依《釋文》改。長幼順，故上下治。㊟卑事於尊，幼事於長，故上下治。《治要》。天地明察，神明彰矣。㊟事天能明，事地能察，德合天地，可謂彰也。《治要》。故雖天子，必有尊也，言有父也；

㊟謂養老也。《禮記・祭義》正義。雖貴爲天子，必有所尊，事之若父者，三老是也。《治要》《禮記・祭義》正義、《北堂書鈔》原本八十八《養老》。必有先也，言有兄也。㊟必有所先，事之若兄，五更是也。《治要》。宗廟致敬，不忘親也；㊟設宗廟，四時齋戒以祭之，不忘其親。《治要》。修身慎行，恐辱先也。㊟修身者，不敢毀傷；慎行者，不歷危殆。常恐其辱先也。《治要》。宗廟致敬，鬼神著矣。㊟事生者易，事死者難，聖人慎之，故重其文也。《治要》《釋文》。孝悌之至，通於神明，光於《治要》作「于」，各本同，今依石臺本。四海，無所不通。㊟孝至於天，則風雨時；孝至於地，則萬物成；孝至於人，則重譯來貢。故無所不通也。《治要》。《詩》云：『自西自東，自南自北，無思不服。』」㊟義取孝道流行，莫不被義從化也。《治要》作「孝道流行，莫敢不服」，蓋有删改，今依明皇注。《正義》云：「此依鄭注也。」明皇作「莫不服」，今依《釋文》作「莫不被」。

事君章第十七

子曰：「君子之事上也，㊟上陳諫諍之義畢，欲見。《釋文》。下闕。進思盡忠，㊟死君之難爲盡忠。《釋文》《文選·曹子建〈三良詩〉》注。退思補過，將順其美，匡救其惡，故上下能相親也。㊟君臣同心，故能相親。《治要》。《詩》云：『心乎愛矣，遐不謂矣。中心藏之，何日忘之。』」

喪親章第十八

子曰：「孝子之喪親也，㊟生事已畢，死事未見，故發此章。明皇注。《正義》云：「此依鄭注也。」俗本「章」字作「事」，誤。哭不偯，㊟氣竭而息，聲不委曲。明皇注。《正義》云：「此依鄭注也。」禮無容，言不文，㊟父母之喪，不爲趨翔，唯而不對也。《北堂書鈔》原本九十三《居喪》。服美不安，㊟去文繡，衣衰服也。《釋文》。聞樂不樂，㊟悲哀在心，故不樂也。明皇注。《正義》云：「此依鄭注也。」食旨不甘，㊟不嘗鹹酸而食粥。《釋文》。此哀慼之情也。三日而食，教民無以死傷生，毁不滅性，㊟毁瘠羸瘦，孝子有之。《文選・宋貴妃誄》注。此聖人之政也。喪不過三年，示民有終也。㊟三年之喪，天下達禮。明皇注。《正義》云：「此依鄭注也。」不肖者企而及之，賢者俯而就之。再期。《釋文》。下闕。蓋引《喪服小記》「再期之喪，三年也」。爲之棺槨、衣衾而舉之，㊟周尸爲棺，周棺爲槨，明皇注。《正義》云：「此依鄭義也。」衾謂單，當有「被」字。可以亢尸而起也。《釋文》。陳其簠簋而哀戚之；㊟簠簋，祭器。受一斗二升。《北堂書鈔》原本八十九《祭祀總》。按：此下當有「外圓内方曰簠」六字，闕。内圓外方曰簋。《北堂書鈔》同上。《儀禮・少牢饋食》疏各引半句，今合輯之。又《考工記・瓬人》疏引「内圓外方者」。按：鄭注《地官・舍人》云：「方曰簠，圓曰簋。」就内言之，未盡其詞。惟《儀禮・聘禮》釋文「外圓内方曰簠，内圓外方曰簋」，形制具備。祭不見親，故哀慼也。《北堂書鈔》同上。擗踴哭泣，哀以送之；注啼號竭情也。《釋文》。卜其宅兆，而安厝之；注宅，葬地；兆，吉兆也。葬事大，故卜之，慎之至也。《北堂書鈔》原本九十二《葬》。按：《周禮・小宗伯》疏引此注「兆」以爲「龜兆」釋之，是賈公彥申說，非原文也。爲之宗廟，以鬼享之；《正義》引舊解云：「宗，尊也。廟，貌也。言祭宗廟，見先祖之尊貌也。」蓋亦鄭注，已載《卿大夫章》，但彼稍詳耳。孔傳亦云：「宗，尊也。廟，貌也。」兩文相同，未便指名，故稱爲舊解也。春秋祭祀，以時思之。注四時變易，物有成孰，將欲食之，故薦先祖。念之若生，不忘親也。《北堂書鈔》原本八十八《祭祀總》、《御覽》五百二十五。生事愛敬，死事哀慼，生民之本盡矣，死生之義備矣，孝子之事親終矣。」注無遺纖當有「毫憾」二字。也。尋繹天經地義，究竟人情也。行畢，孝成。《釋文》。

後敘

《孝經》鄭氏注，自宋已來無行本，全據魏徵《羣書治要》與《經典釋文》彙而録之，補以各書所引見，遂爲足注本，可繕寫。按：陸澄云：「觀其用辭，不與注《書》相類，自序亦無《孝經》。」陸德明云：「檢《孝經注》與注五經不同。」二陸善讀書者，語必有因，是否鄭注，今宜詳攷。而注中故實，類不類，同不同，亦宜詳攷。

一、鄭自序今無全篇，《孝經正義》引其畧云：「遭黨錮之事逃難。至黨錮事解，注《古文尚書》《毛詩》《論語》。爲袁譚所逼，來至元城，乃注《周易》。」據知注《易》在臨卒之年，自序注《易》時作，稍牽晚年所注《書》《詩》《論語》。前乎此者，置不登載，未可據爲《孝經》非鄭注之證也。《唐會要》七十七、《文苑英華》七百六十六載鄭自序，「逃難」下有「注禮」二字，無「至」字，餘與《孝經正義》引同。竊意鄭氏注《書》三十餘年，論天文七政、注緯候，蓋最先。《孝經》逃難時注，以黨事逮捕，故逃難，本序所謂「避難南城山」者也。樂史以黄巾寇青部事當之，非。逾時而禁錮，乃注《三禮》。《檀弓》正義引《鄭志·答張逸問》：「『《禮注》曰《書説》，《書説》何書也？』答曰：『《尚書緯》也。』當爲注時，在文網中，嫌引秘書，故諸所牽圖讖，皆謂之説。」是注《禮》在禁錮時也。注《春秋左氏》未成，宋均注《春秋緯》引鄭《六藝論》序《春秋》云：「玄又爲之注。」見《孝經正義》。亦在禁錮時。知者，本傳列《箴膏肓》《發墨守》《起廢疾》，在黨禁解之前。其《魯禮禘祫義》、注《尚書大傳》，蓋注《禮》時作；《駁五經異義》，蓋注《春秋》時作。晚年又注《乾象曆》。若然，自序無者多矣，何止《孝經》？

二、法服。鄭氏注《禮》，用力甚勤。參互推求，以定畫一。小有不類，便書之爲夏殷、爲虞夏、爲魯、爲晉，霸制與周制區分爲五，故無不類。然所定服章，視今文古文説殊異。余淺學，誠不敢知鄭之獨是，而今文古文説之皆非也。伏生《大傳》，山龍，青也；華蟲，黄也；作繪，黑也；宗彝，白也；璪火，赤也。天子衣服，其文：華蟲、作繪、宗彝、璪火、山龍。諸侯：作繪、宗彝、璪火、山龍。子男：宗彝、璪火、山龍。大夫：璪火、山龍。士：山龍。如《大傳》說，天子服備五色，公侯伯四，子男三，大夫二，士一。而華蟲唯天子服之，山龍自天子下達。伏意五色黄爲尊。《爾雅·釋言》：「華，皇也。」皇之言黄，《大戴禮·五帝德》「帝嚳、帝堯，黄黼黻衣」，《王制》「有虞氏皇而祭」是也。士山龍者，《周禮·節服氏》「衮冕六人，維王之大常」，是周時下士亦服衮龍，猶沿古制也。《大傳》五章，不及日月星辰者，三辰畫於旗常，不於衣。又不及粉米黼黻絺繡者，謂畫山龍等於絺而刺繡之，其空隙處刺爲黼黻文。粉之言分，畫山龍等爲界緘，俾五色不相亂，視其文如聚米然，故謂之粉米，《攷工記》「繪畫之事後素功」是也。無山龍等，則粉米無施，故粉米不自爲章。《説文》用古文説，「黺」字解云：「衮衣山龍華蟲。黺，畫粉也。」「絥」字解云：「繡文如聚細米也。」與今文説亦合。漢學師承，皆有所本。唯鄭推《儀禮》九章，合「日月星辰」爲十二章，故注《禮器》云「天子服日月以至黼黻，諸侯自山龍以下」，此乃初定之說，謂四代皆然，即《孝經注》所謂「百王同之，不改易」者也。尋知觸礙，故注《王制》云：「虞夏之制，天子服有日月星辰。」夏者文便，非有實徵，故注下文「有虞氏皇而祭」云：「有虞氏十二章，周九章，夏殷未聞。」又注《郊特牲》「王被衮以象天」云：「謂有日月星辰之章，此魯禮也。」虞夏殷周魯既已區分，說始撽密。復因《明堂位》有「殷火，周龍章」，《周禮·司常》有「日月爲常」，《左氏·桓二年傳》有「三辰旂旗」，「火龍黼黻」，不得觸礙。故注《周禮·司服》云「此古天子冕服十二章」「王者相變，至周而以日月星辰畫於旌旗」「而冕服九章，登龍於山，登火於宗彝」，說益撽密。九章者，一龍，二山，三華蟲，四火，五宗彝，六藻，七粉米，八黼，九黻也。十二章者，一日，二月，三星辰，四山，五龍，六華蟲，七宗彝，八藻，九火，十粉米，十一黼，十二黻也。異日注《虞書》「五服」，遂分十二、九、七、五、三爲五章，以自堅其十二章之說。王肅難鄭，以爲舜時三辰即畫於旌旗，不在衣也。其說雖長，而鄭義仍牢不可破。馬融說士服藻火，大夫加以粉米，鄭亦不從也。大較鄭學積累而成，由疎而漸密，注《孝經》在注《禮記》、注《周禮》之先，用其初定之説，犆舉大綱，後雖累更其前説，猶以《孝經注》小異大同，不復追改。陸澄謂「不與注《書》相類」，試問天子服日月星辰，非鄭誰爲此語者？不必致疑。

三、五刑。《釋文》載鄭注淩亂，以致輕重失宜。余既爲按語移正之矣，而按語有云：《書傳》所説目畧，衰周法家追定，鄭亦據法家爲説，尚未盡其詞。漢用李悝《法經》，《書傳》所據，蓋《法經》之類也。蕭何取《法經》爲《漢律》，其初從漢祖入關，約法三章：殺人者死，傷人及盜抵罪。鄭説墨、劓、臏、大辟畧同，蓋皆據《法經》，不能指實，故汎言法家。而鄭意又有可推得者，詳余按語中。若乃朝聘巡守，鄭注《王制》破經，注《孝經》不必破經，非二陸所疑也，無煩詳攷。道光甲午歲夏四月望，嚴可均書於睦州寄盧。

《紀孝行章》注「忿争爲醜」，日本刻《孝經》鄭注如此，蓋據《治要》原本也。《治要》刻本删去，今仍用原本。可均又記。

附録一

孝經鄭注嚴輯本失采

勞格　輯

《孝經》曰：「從父之令焉得爲孝乎？」鄭玄曰：「委曲從君父之令，善亦爲善，惡亦爲惡，又焉得爲忠臣孝子乎？」《臣軌上·匡諫章》注。

《孝經》曰：「子不可以不諍於父，臣不可以不諍於君。」鄭玄曰：「君父有不義，臣子不諫諍，則亡國破家之道也。」同上。

（《讀書雜識》卷六）

附録二

鄭註孝經序

岡田挺之

《孝經》有古文，有今文，孔安國爲古文作傳，而鄭康成註今文，孔傳世多有刻本，鄭註則否。南齊時，國學置鄭玄《孝經》，陸澄乃與王儉書論之曰：「世有一《孝經》題爲鄭玄注，觀其用辭，不與注《書》相類，案玄自序所注衆書，亦無《孝經》。」儉答曰：「鄭注虛實，前代不嫌，意謂可安，仍舊立置。」據之，則鄭註之行，其來尚矣。是本與陸德明《經典釋文》脗合無差，其爲鄭註審矣。頃者，讀《知不足齋叢書》所載古文《孝經》鮑、盧諸家序跋，乃知唯得孔傳，未得鄭註，瀛海之西，其佚已久。嗚呼！書之灾厄，不獨水火，蕲祕之甚，其極有至澌滅者，豈不悲乎！今刻是本，予之志在傳諸瀛海之西，與天下之人共之。家置數通，人挾一本，讀之誦之，則聖人之道，由是而弘，悠久無窮。海舶之載而西者，保其無恙，冀賴神明護持之力。鮑、盧諸家得是本，再附剞劂，則流傳遍於寰宇，當我世見其收在叢書中，所翹跂以俟之也。癸丑之秋尾張岡田挺之撰。

重刊鄭注孝經序

錢侗

往歲，平湖賈舶自日本國購得《孝經鄭注》歸。時余寓居杭州萬松山館，客有攜以相示者。前有岡田挺之序，後稱寬政六年寅正月梓。其題首云「新川先生校驗」，序末小印，知新川即挺之之字。寬政六年，歲在癸丑，以甲子計之，實皇朝乾隆五十八年也。余嚮見日本享保十六年太宰純重刻古文《孝經》序云：「宋歐陽子嘗作詩稱『逸《書》百篇今尚存』。昔僧奝然適宋，獻鄭注《孝經》一本於太宗，今去其世七百有餘年，古書之散佚者亦不少，而孔傳《古文孝經》全然尚存。」又享保十五年所刊山井鼎《七經孟子攷文》，《孝經》但載古文孔傳，並不言鄭注之有無。此本與《經典釋文》《孝經正義》所述鄭注大半皆合，初疑彼國稍知經學者抄撮而成，繼細讀之，如《孝治章》以「昔」訓「古」，見《公羊傳》疏；「聘問天子無恙」諸語，見《太平御覽》；《聖治章》「上帝者，天之別名也」，見《南齊書·禮志》暨《困學紀聞》，俱《釋文》《正義》之所未引，而此本秩然具載，不謀而合，恐非作僞者所能出也。惟挺之《序》謂與《釋文》吻合，則不盡然。即以首章而言，「仲尼居」，《釋文》述鄭作「凥，凥講堂也」，「曾子侍」注「卑在尊者之側曰侍」，此類甚多，率今本所無，其與陸氏所見本不同明矣。

案：鄭注《孝經》不見於《鄭志目録》及趙商碑銘，故晉唐諸儒論議紛起，唐人至設「十二驗」以疑之。然宋均《孝經緯注》引鄭《六藝論》序《孝經》云：「玄又爲之注。」《大唐新語》引鄭《孝經序》云：「僕避難於南城山，棲遲巖石之下，念昔先人，餘暇述夫子之志，而注《孝經》。」又均《春秋緯注》云：「爲《春秋》《孝經》略説。」皆當日作注之證。唐儒駁之者曰：「所言爲之注者，汎辭，非事實，其序《春秋》亦云玄又爲之注，寧可復責以實注《春秋》。」余謂：鄭注《春秋》未成，遇服虔，盡以所注與之。《世説新語》實志其事，而云鄭無《春秋》注，非也。《鄭志》一書多爲後人羼雜，隋唐所行已非原本，所記庸有脱漏。趙商撰鄭碑銘具載諸所注箋，亦不言注《孝經》者，猶《後漢書》本傳敘所注《周易》《尚書》《毛詩》《儀禮》《禮記》《論語》《孝經》諸書，而唐史承節撰碑乃多《周官》，而無《論語》，俱載筆者偶然之失，豈得據墓碑、史傳，并謂鄭無《周官》《論語》注乎？《唐會要》載開元七年劉子玄等議，欲行孔廢鄭，博士司馬貞以爲其注縱非鄭玄，而義旨敷暢，將爲得所，請准令式，鄭注與孔傳俱行，詔從貞議。蓋前此學者篤信是書非出北海，同聲附和，即有爲之剖辨者，亦多執首鼠之說，不復深究是否。荀勗《中經簿》但題鄭氏解，不云名玄。《釋文》於《毛詩》《三禮》直稱鄭氏注，而於《孝經》標「鄭氏」二字，注云「相承解爲鄭玄」，則亦疑而未決。此本挺之後跋稱鄭注《孝經》一卷，《羣書治要》所載。攷《羣書治要》凡五十卷，唐魏鄭公撰。其書久佚，僅見日本天明七年刻本。前列表文，亦有岡田挺之題銜。則此書即其校勘《治要》時所録而單行者。《治要》采集經子各注，不著撰人名氏，而今本竟稱鄭注，或亦彼國相承云爾，而挺之始據《釋文》定之。故太宰純、山井鼎諸人俱未言及耳。鄭注各經，自漢至唐，多立學官，惟《孝經》顯晦不一，故唐初傳寫，率多譌錯。《釋文》摘注爲音，每注云「自某至某，本今無」，以明所見之異，則其時已無足本可知。《治要》所載，恐亦有所删削。而陸云本無者，今半無之，亦有陸以爲無而今仍存者，知别一古本流傳外國者如此。其經文與注疏本異者數處，如《廣要道章》「敬一人則千萬人悦」，「則」作「而」，《諫争章》「雖無道，不失天下」，「失」下多「其」字，並同《石臺孝經》《開成石經》，益足定爲宋以前古本也。

《宋史·日本傳》載，奝然於雍熙元年浮海而至，獻鄭注《孝經》。據陳振孫《書録解題》云：「乾道中，熊克子復從〔一〕袁樞機仲得〔二〕之，刻於京口學宫。」是南宋初猶有板本，自是以後著録家無道及者。蓋當時漢學已廢不講，雖得鄭注而不加寶貴，尋復散失。乾道至今又七百年，距雍熙且八百六十年，而是書復出於右文稽古之世，治經者得知鄭孔之異同，闡注疏之精藴，身體力行，於以仰副聖天子孝治天下之至意，不可謂非厚幸也。欽惟我朝統一區夏，重熙累洽，文教覃敷，溢於薄海，雖至重洋絶島，皆知尊聖學而窮經義。如皇侃《論語義疏》，唐宋以後，久無傳本，而《七經孟子攷文》具云彼國尚有其書。迨乾隆中，四庫館開，詔求天下遺書，而《論語義疏》與《孝經孔傳》同時得自日本，數千百年來沉淪祕籍，一旦發其光於鯨波鮫室之中，藉海舶以登祕閣。夫

〔一〕「從」原訛作「然」，據《直齋書録解題》改。
〔二〕「得」字上原衍「嘗」字，據《直齋書録解題》删。

孰非神物呵護有靈，俾之應運而興者乎！然彼國好古之士，於漢唐經解，知所服膺，并不惜校録而攷訂之。若太宰純、山井鼎、岡田挺之者，其亦深足嘉尚已。是書原刻繭紙印本，其製與中華書板不異。余曾印鈔一册置篋中，友人見之，傳録者頗衆。因授剞氏，用公同好，並記所見於簡端，以質博雅君子。至原刻經注，字句之下，多有點乙，譯其意義，殆爲便於蒙誦而設，無裨經學，今亦仿而摹之，使存其舊焉。大清嘉慶七年歲星在壬戌月躔鶉首之次嘉定錢侗書於青浦客舍。

識語

岡田挺之

右《今文孝經鄭註》一卷，《羣書治要》所載也。其經文不全者據註疏本補之，以便讀者。寬政癸丑之秋尾張岡田挺之識。

識語

鮑廷博

《孝經》鄭氏註，廢於唐，亡於五季，至宋雍熙閒，日本僧奝然以獻於朝，詔藏祕閣，嗣後歷元及明，未聞有述之者，訖無傳焉。入我朝一百五十年，歲在癸丑，日本岡田宇挺之者，復於其國《羣書治要》中得之，業殘缺不完，稍爲補輯，序而行之，復以其本附估舶來，意欲予刊入叢書，以廣其傳。《序》中極爲鄭重，若跂足以俟者，且言書之災厄，不獨水火，蘄祕之甚，有至澌滅者，與予流通古書之旨頗合，因樂爲傳之。至攷渠國所刊《七經孟子攷文補遺》中，《孝經》但有孔傳，竝無鄭註，不知所謂《羣書治要》輯自何人，刊於何代，何以歷久不傳，至近時始行於世，其所收是否奝然獻宋原本，或由後人掇拾他書以成者，茫茫煙水，無從執而問難焉，亦俟薄海内外窮經之士論定焉可耳。大清嘉慶辛酉八月朔日古歙鮑廷博識於知不足齋。

整理者按：以上四篇序、識語見於嘉慶六年鮑廷博刻本《孝經鄭注》，因其對於了解《孝經鄭注》從日本回流有參考價值，故録之附此。

孝經鄭氏解

題【漢】鄭玄撰
【清】臧庸輯

孝經鄭氏解輯本題辭

往者鮑君以文持日本《孝經》鄭注請序，余按其文辭不類漢魏人語，且與羣籍所引有異，未有以應。近見臧子東序輯録本，喜其精核，欲與新出本合刊，仍屬余序。余知東序治鄭氏學幾二十年，有手訂《周易》《論語》注等，所采皆唐以前書，爲晉宋六朝相傳鄭注學者咸所依據。鮑君耄而好學益篤，凡有善本，靡不刊行。然則《孝經》舊引之注、新出之書，二本並行，亦奚不可？嘉慶辛酉季冬儀徵阮元題。

孝經

鄭氏解唐劉知幾議曰：「《晉中經簿》稱『鄭氏解』，無『名玄』二字。」《釋文》曰：「鄭氏，相承解爲鄭玄。」

開宗明義章第一

《釋文》題「開宗明義章」。《正義》曰：「鄭注見章名。」按：《正義》、石臺本、唐石經、今本皆有「第一」二字，《釋文》無，下並同。章名下經文一字，依唐石經也。

仲尼居，曾子侍。

尻，尻講堂也。《釋文》《正義》《御製序》并注。劉炫《述義》曰：「若依鄭注，實居講堂。」按：尻，當作「居」。此因《釋文》上云「《説文》作『尻』」，因并改此也。以隸書寫篆文自稱正體者，發端於南宋毛居正、岳珂等，而近時學者爲尤甚，然唐石經具存，無此異樣，可以之誣古人乎？因今之輯《孝經》鄭注者，無不過信此字，故首訂正之。

子曰：先王

禹，三王最先者。《釋文》。按皇甫侃、陸德明、孔穎達、賈公彦，皆以《孝經》爲夏制，本此注，詳《敘録》。

有至德要道，以順天下，民用和睦，上下無怨。汝知之乎？《釋文》：「要，因妙反，注同。女，音汝，本或作『汝』。」按：石臺本、唐石經、今本皆作「汝」，下並同。岳本作「女」，蓋依《釋文》改，下同。

至德，孝悌也。要道，禮樂也。孝悌，大計反，又順也。《釋文》。按：悌，當本作「弟」。

曾子避席曰：參不敏，何足以知之？《釋文》：「辟，音避，注同。本或作『避』。」按：石臺本、唐石經、岳本皆作「避」。

敏，猶達也。《儀禮疏・鄉射禮》。按：《釋文》曰：「敏，達也。」本注。

子曰：夫孝，德之本也，教之所由生也。《釋文》：「夫，音符，注及下同。」

人之行，莫大於孝，故爲德本。《正義》曰：「注『人之』至『德本』，此依鄭注。」《釋文》：「人之行，下孟反。」

復坐，吾語女。身體髮膚，受之父母，不敢毁傷，孝之始也。《釋文》：「復，音服，注同。坐，在卧反，注同。女，音『汝』，本今作『汝』。」

父母全而生之，己當全而歸之。《正義》曰：「云『父母全而生之，己當全而歸之』者，此依鄭注引《祭義》樂正子春之言也。」

立身行道，揚名於後世，以顯父母，孝之終也。

父母得其顯譽音豫。也者。《釋文》。按：「者」字當衍。

夫孝，始於事親，中於事君，終於立身。

卌疆其良反。而仕。行步不逮，音代，亦及也。又音大計反。縣音玄。車音居。致仕。《釋文》。《正義》曰：「鄭玄以爲父母生之，是事親爲始；四十强而仕，是事親爲中；七十致仕，是立身爲終也者。劉炫駮云云。」按：《正義》約鄭義引之，非其本文，故與《釋文》所標者異。分之則兩全，合之則兩傷。舊輯多以意並合，非也。《釋文》通志堂徐氏本，「强」作「彊」，兹從葉林宗影宋鈔本。

《大雅》云：

雅者，正也。方始發章，以正爲始。《正義》。

無念爾祖，聿修厥德。《釋文》：「毋念爾祖，音無。本亦作『無』。」按：舊校云：「本今作『爾』。」石臺本、唐石經、岳本及《毛詩》皆作「無念爾祖」，《左傳・文二年》趙成子引《詩》作「毋念爾祖」。

無念，無忘也。《釋文》。按：經作「毋」，注作「無」，須人易曉耳。

天子章第二

子曰：愛親者，不敢惡於人；敬親者，不敢慢於人。愛敬盡於事親，而德教加於百姓，刑于四海，《釋文》：「惡，烏路反，注同。舊如字。」「形于四海，法也。字又作『刑』。」按：惡讀烏路反者，唐注也。舊讀如字，必鄭注。陸爲鄭作音，不當先言「烏路反」，此類皆後人所改竄，故稱「舊」以存陸氏原本耳。鄭作「形」，注云：「形，見。」唐本作「刑」，注云：「刑，法也。」《釋文》有「法也」二字，亦淺人所加。《孝經序》「雖無德教加於百姓，庶幾廣愛形于於四海」，此參用鄭本也。《正義》曰：「經作『刑』。刑，法也。此作『形』，形，猶見也。義得兩通。」可與《釋文》本互證。然此經「形于四海」，猶《應感章》「光于四海」，當從鄭作「形」，唐本作「刑」，非也。又凡古文經作「于」，今文及傳注作「於」，《論語》《孝經》皆傳也。今《孝經》又今文，故字皆作「於」，而不當作「于」。此章「加於百姓」「刑于四海」，與《應感章》「通於神明」「光于四海」，「於」「于」字前後皆錯見，非也。考此章，石臺本、唐石經、岳本皆作「刑于四海」，蓋因《詩・思齊》有「刑于」之文，相涉誤改。《庶人章》正義作「加於百姓」「刑於四海」，當據以訂正。

刑見。賢遍反，下同。《釋文》。按：刑，當作「形」。

蓋天子之孝也。

蓋者，謙辭。《正義》。

《甫刑》云：

引譬連類。《文選注・孫子荆〈爲石仲容與孫皓書〉》：「鄭玄《孝經注》。」《釋文》「引辟」：「本或作『譬』，同匹臂反。」《正義》曰：「鄭注以《書》録王事，故證《天子》之章，以爲引類得象。」按：《正義》約鄭義，故與陸、李二家所據不合。

一人有慶，兆民賴之。

億萬曰兆。天子曰兆民，諸侯曰萬民。《五經算術》上。

諸侯章第三

在上不驕，高而不危；

危殆。音待。《釋文》。

制節謹度，滿而不溢。

費用約儉，謂之「制節」。慎行禮法，謂之「謹度」。無禮爲驕，奢泰爲溢。

《正義》曰：「注『費用』至『爲溢』，此依鄭注。」《釋文》：「費，芳味反。用，如字。約，於略反。儉，勤檢反。奢，書虵反。泰，音太。爲溢，羊栗反。」

高而不危，所以長守貴也。滿而不溢，所以長守富也。富貴不離其身，

《釋文》「富貴不離」：「離，力智反，注同。」按：《釋文》「離」音力智反，則「不」字後人所加。唐注云：「富貴常在其身。」《正義》謂此依王肅注，則王肅本亦無「不」字。何也？蓋常

在其身者，謂常麗著其身也。《易・象傳》「離，麗也」，《象傳》「離王公也」，鄭作「麗」，梁武「力智反」。此經云「富貴離其身」，猶《諫争章》云「則身離於令名」。《釋文》於彼亦音「力智反」，標經無「不」字，可前後互證。知「不離」之文非古矣。石臺本、唐石經皆有「不」字。

然後能保其社稷，《儀禮・鄉射禮》「挾弓矢而后下射」注：「古文『而后』作『後』」，非也。《孝經説》『然后』曰：『后者，後也。』當從『后』。」釋曰：「《孝經援神契》説《孝經》『然後能保其社稷』之等皆作『后』。」按：此則鄭注本，「然後」字皆當作「后」。

社謂后土。《周禮疏・封人》。《周禮疏・大宗伯》曰：「寫者見《孝經》及諸文注，多言社后土。」

而和其民人，

薄賦斂，力儉反。省所景反。徭音遥，本亦作「繇」。役。《釋文》。

蓋諸侯之孝也。

列土封疆，謂之諸侯。《周禮疏・大宗伯》。《釋文》「列土封疆」：「字又作『畺』」，同，居良反。」按：葉鈔《釋文》云：「字又作『疆』。」則所標「封疆」，字當作「畺」。

《詩》云：「戰戰兢兢，如臨深淵，如履薄冰。」

戰戰，恐懼；兢兢，戒慎。臨深恐墜，履薄恐陷。義取爲君，恒須戒懼。《正義》曰：「注『戰戰』至『戒懼』，此依鄭注也。」《釋文》：「恐，丘勇反，懼也，注及後同。隊，直類反，本今作『墜』。恐陷，陷没之『陷』。」顧千里云：「『注及後同』，『注』當作『下』。」按：石臺本、岳本注作「恒須戒慎」，《正義》亦云「常須戒慎」，今注及疏標起止作「戒懼」，誤。

卿大夫章第四

非先王之法服不敢服，按：石臺本「法」作「灋」，因隸書所改，《孝經》今文當本作「法」。唐石經、岳本作「法」，是也。下並同。

服山、龍、華胡花反。蟲，直忠反。服藻、音早。火，服粉方謹反。米，字或作「絑」，音同。皆謂文繡脩又反。也。田本又作「佃」，音同。獵、力輒反。卜筮，市制反。冠，古亂反，又如字。素積。兹亦反。《釋文》。《周禮疏·小宗伯》曰：「《尚書》『五服五章哉』，鄭注云：『十二也、九也、七也、五也、三也。』又『予欲觀古人之象日月星辰』注云『此十二章，天子備有，公自山而下』，《孝經》『非先王之法服』注云『先王制五服，日月星辰服，諸侯服山龍』云云，皆據章數而言。」《北堂書鈔》卷八十六：「《孝經》鄭注云：『法服，謂日、月、星辰、山、龍、華蟲、藻、火、粉、米、黼、黻絺繡。』」又卷一百二十八：「鄭注云：『天子服日、月、星辰，諸侯服山、龍、華蟲，卿大夫服藻、火，士服粉、米。』」《文選注・陸士龍〈大將軍讌會被命作詩〉》一首：「鄭玄《孝經注》曰：『大夫服藻、火。』」《詩正義・六月》：「《孝經》注曰：『田獵戰伐，冠皮弁。』」《儀禮疏・少牢饋食禮》：「《孝經》注云：『卜筮，冠皮弁，衣素積。百王同之，不改易。』」按：諸家所引互異，均不外《釋文》所標之字，故以《釋文》爲主，而分注諸書於下，俾可考也。《周禮疏》「日月星辰服」當作「服日月星辰」。《釋文》「字或作『絑』」，徐本「絑」誤爲「綵」，兹據葉鈔本校正。

非先王之法言不敢道，非先王之德行不敢行。《釋文》：「德行，下孟反，注『德行』、下『擇行』『行滿』皆同。」

禮以檢奢。紀檢反。《釋文》。

是故非法不言，非道不行。口無擇言，身無擇行，言滿天下無口過，行滿天下無怨惡。三者備矣，然後能守其宗廟，《釋文》：「過，古卧反，注同。惡，烏路反，舊如字，注同。廟，本或作『庿』。」

爲于僞反。作宫室。《釋文》。

蓋卿大夫之孝也。

張宫設府，謂之卿大夫。《禮記正義·曲禮》。

《詩》云：夙夜匪懈，以事一人。《釋文》：「懈，佳賣反。注及下字或作『解』，同。」按：此當作「解，佳賣反，注及下同，字或作『懈』」。據下標注「解，惰」字，知鄭本經必作「解」，故陸音「佳賣反」。若本作「懈」，正字易識，陸可不音矣。蓋石臺本、唐石經、岳本皆作「懈」，淺人遂據以易《釋文》也。

夜，莫如字。又音「暮」，下並同。也。解，惰。古卧反，注同。《華嚴經音義》上：「《孝經》鄭注曰：『匪，非也。懈，墮也。』」顧千里云：「《釋文》『注同』，當作『下同』。」按：唐注、石臺本亦作「懈，墮也」，今本改作「惰」。

士章第五

資於事父以事母，而愛同；資於事父以事君，而敬同。

資者，人之行下孟反。也。《釋文》《公羊疏・定四年》。

故母取其愛，而君取其敬，兼之者，父也。故以孝事君則忠，

移事父孝以事於君，則爲忠矣。《正義》曰：「注『移事』至『忠矣』，此依鄭注也。」

以敬事長則順。《釋文》：「長，丁丈反，注皆同。」

移事兄敬以事於長，則爲順矣。《正義》曰：「注『移事』至『忠矣』，此依鄭注也。」

忠順不失，以事其上，然後能保其祿位，而守其祭祀，

食稟必錦反。《公羊傳》云：「稟，賜榖祿也。」爲□□祿曰祭。一本作「始曰爲祭」，曰音越，又人實反。《釋文》。盧學士曰：「榖爲穀之俗字，但小變耳。從殸，誤也。『爲』下舊有『於僞反』三字，是妄人所補，宋本皆空白。」按，宋本謂葉鈔本也。《正義》曰「祿謂稟食」，合之陸引《公羊傳》，知上闕「祿」字，「爲」當如字讀。

蓋士之孝也。

別彼列反。是非。《釋文》。按《正義》引《傳》曰：「通古今，辯然否，謂之士。」別是非，猶辯然否也。鄭注大致同此。

《詩》云：夙興夜寐，無忝爾所生。《釋文》「無忝爾所生」，本今作「爾」。按葉鈔《釋文》「無忝」下空闕，據《開宗明義章》引《詩》釋文作「毋念爾祖」，則此「無」字亦當作「毋」。《毛詩·小宛》釋文云「毋忝，音無」可證也。又《卿大夫章》釋文：「夜莫，如字，又音暮，下並同。」然則鄭於此章當有「夜，莫也」注。

庶人章第六

用天之道，

春生，夏長，丁丈反。秋收，如字，又手又反。本作「斂」，力儉反。冬藏。才郎反。《釋文》。《正義》曰：「云春生、夏長、秋斂、冬藏者，此依鄭注也。」按：石臺本亦作「秋收冬藏」，岳本、今本改作「秋斂」，非。

分地之利，《釋文》：「分，方云反，注同。」

分别五土，視其高下，若高田宜黍稷，下田宜稻麥，丘陵阪險宜種桑栗。

《太平御覽》卷三十六鄭玄注、《初學記》卷五「阪」作「坂」、「桑」作「棗」。唐司馬貞《議》無「若」字及末句。《釋文》：「分别五土，彼列反。丘陵阪險，阪音反，險音許檢反，又蒲板反。」《正義》曰：「云分别五土，視其高下者，此依鄭注也。」《詩正義·信南山》曰：「《孝經注》云：『高田宜黍稷，下田宜稻麥。』」按：末句當從一本作「宜種棗棘」，作「桑栗」者非。《釋文》「蒲板反」，徐本「板」誤爲「救」，兹據葉鈔本校正。

謹身節用，以養父母，

行下孟反，音如字。不爲非。度待洛反。財爲費，芳味反。什音十。一而出。

《釋文》。按：「音如字」當作「又如字」，否則「音」爲「或」字之訛。

此庶人之孝也。

無所復扶又反。謙。《釋文》。

故自天子至於庶人，孝無終始，而患不及者，未之有也。《釋文》：「故自天子，古文分此以下别爲一章。」

故患難奴旦反。不及其身也，善一本作「難」。未之有也。《釋文》。《正義》曰：「諸家皆以爲患及身，又惟《蒼頡篇》謂『患』爲『禍』，孔、鄭、韋、王之學，引之以釋此經。」「又謝萬云：能行如此之善，曾子所以稱難，故鄭注云『善未有也』。」按：謝萬引注，知陸本作「善」是也。「之」字當衍，淺人誤以注爲經，故增之。一本作「難」，「難」當爲「歎」字之訛。

三才章第七

曾子曰：甚哉！孝之大也。

語魚據反。喟丘媿反，又丘恠反。然。《釋文》。

子曰：夫孝，天之經也，地之義也，民之行也。天地之經，而民是則之。《釋文》：「行，下孟反，注同。」

孝弟大計反，本亦作「悌」。恭敬，民皆樂音洛。之。《釋文》。

則天之明，因地之利，以順天下。是以其教不肅而成，其政不嚴而治。《釋文》：「治，直吏反，注同。」

政不煩苛。音何。《釋文》。

先王見教之可以化民也，

見因天地教化人之易也。《正義》曰：「注『見因』至『易也』，此依鄭注也。」《釋文》：「民之易也，以豉反，本今作『人之易』。」按：唐注作「人」，避諱改。鄭注當本作「民」。

是故先之以博愛，而民莫遺其親；陳之以德義，而民興行；

上好呼報反，下「好禮」同。義。《釋文》。顧千里云：「注當取《論語》『上好禮，則民莫敢不敬；上好義，則民莫敢不服』之文，以證《孝經》。」

先之以敬讓，而民不爭；

若文王敬讓於朝，直遥反。虞、芮推畔於田，則下效之。户教反。《釋文》。

導之以禮樂，而民和睦；示之以好惡，而民知禁。《釋文》：「導，音道，本或作道。好，如字，又呼報反。惡，如字，注同，又烏路反。禁，金鴆反，注同。」按：此當作「道音導，本或作導」，《論語》「道千乘之國」《釋文》「道音導，本或作導」可證。正德本疏中云「道之以禮樂之教」，監本、毛本悉改爲「導」，此亦淺人乙改。石臺本、唐石經、岳本皆作「導」。

《詩》云：赫赫師尹，民具爾瞻。《釋文》：「赫，本又作赤，火白反。」盧學士曰：「赤蓋卄之訛，卄，俗赫字。」

師尹，若冢張勇反。宰之屬也。女音汝，下同。當視民。常旨反。《釋文》。《詩正義・節南山》曰：「《孝經注》以爲冢宰之屬。」

孝治章第八

子曰：昔者明王之以孝治天下也，

昔，古也。《公羊疏·何休序》。

不敢遺小國之臣，而況於公侯伯子男乎？

聘匹正反。問天子無恙。羊尚反。五年一朝，直遥反，下注同。郊迎，魚敬反，又魚荆反。芻初俱反。禾百車，以客。苦百反。本或作「以客禮待之」。夜設庭燎。力召反，本亦作「燎」，同，一音力弔反。當爲于僞反，下皆同。王者。侯者，侯户豆反。伺。音司，又相吏反。伯者，長。丁丈反，下同。男者，任而鴆反。也。德不倍，步罪反。别彼列反。優。《釋文》。《太平御覽》卷一百四十七《孝經》鄭玄注曰：「古者諸侯五年一朝，天子使世子郊迎，芻米百車，以客禮待之。晝坐正殿，夜設庭燎，思與相見，問其勞苦也。」《周禮疏·大行人》：「《孝經注》云：『世子郊迎。』」《儀禮疏·覲禮》：「《孝經注》云：『天子使世子郊迎。』」《禮記正義·王制》：「《孝經》云：『德不倍者不異其爵，功不倍者不異其土，故轉相半，别優劣。』」《正義》曰：「舊解云：『公者正也，言正行其事；侯者候也，言斥候而服事；伯者長也，爲一國之長也；子者字也，言字愛於小人也；男者任也，言任王之職事也。』」按：舊解言公侯與鄭注異。《釋文》曰：「當爲，于僞反，下皆同。」舊解亦無。惟「伯者長也，爲一國之長也；男者任也」與鄭注合，然則《正義》所稱舊解，不專謂鄭注矣。「本或作以客禮待之」，此八字非陸語，故舊本空一字別之，校者據《釋文》有此本也。《序録》謂「《孝經》童蒙始學，特紀全句」，則此一本是義疏家稱引舊注，往往不加區別，《禮記正義》引《孝經》即此注也。

故得萬國之懽心，以事其先王。《釋文》：「歡，字亦作『懽』。」按：石臺本、唐石經、岳本皆作「懽」，石臺本「萬」作「万」。

天子五年一巡音旬。守，手又反，本又作「狩」。勞來。上力報反，下力代反。《釋文》。《禮記正義·王制》：「《孝經注》：『諸侯五年一朝天子，天子亦五年一巡守。』」按：上注「五年一朝」，《釋文》音「朝，直遥反」，云「下注同」。《禮記正義》所引與陸本合。

治國者不敢侮於鰥寡，而況於士民乎？故得百姓之懽心，以事其先君。

大〔一〕夫六十無妻曰鰥，婦人五十無夫曰寡。《詩正義·桃夭》。《禮記正義·王

〔一〕「大」疑當爲「丈」字。

制》：「《孝經》云：『男子六十無妻曰鰥，婦人五十無夫曰寡。』」《廣韻・二十八山》：「鄭氏云：『六十無妻曰鰥，三十無夫曰寡。』」《文選注・潘安仁〈關中詩〉》一首：「鄭玄《孝經注》曰：『五十無夫曰寡。』」《正義》曰：「舊解士知義禮。」又曰：「丈夫之美稱，故注言『知義禮之士』乎？」按：《正義》引舊解三事，其二與鄭注合，此以士爲丈夫之美稱，與下注「臣，男子賤〔一〕稱」文句極相似，第《釋文》「稱」字音始見，下則非也。豈「士知義理〔二〕」句爲鄭注，而唐注本之乎？

治家者

理家，謂卿大夫。《正義》曰：「云『理家，謂卿大夫』者，此依鄭注也。」按：鄭注當本作「治家」，唐注避諱作「理」。

不敢失於臣妾，而況於妻子乎？

男子賤稱。尺證反，下同。《釋文》。按《釋文》，知注云：「臣，男子賤稱；妾，女子

〔一〕「賤」原作「美」，誤文意改。

〔二〕「理」疑當爲「禮」字。

賤稱。」

故得人之懽心，以事其親。

小大盡津忍反。節養。羊尚反。《釋文》。按：唐注云：「若能孝理其家，則得小大之懽心，助其奉養。」注當類此。

夫然，故生則親安之，祭則鬼享之。按：石臺本「享」作「亨」。

則致張利反。其樂。音洛。《釋文》。按：《紀孝行章》「養則致其樂」注當引此文，《聖治章》注同。

是以天下和平，災害不生，禍亂不作，故明王之以孝治天下也如此。

《釋文》：「災，本或作『灾』。」

《詩》云：有覺德行，四國順之。《釋文》：「行，下孟反，注同。」

覺，大也。《正義》曰：「覺，大也。此依鄭注也。」按：《釋文》曰：「覺，大也。」本注。

聖治章第九

曾子曰：敢問聖人之德，無以加乎孝乎？子曰：天地之性，人爲貴。

貴其異於萬物也。《正義》曰：「注『貴其』至『物也』，此依鄭注也。」

人之行，莫大於孝，孝莫大於嚴父，嚴父莫大於配天，則周公其人也。昔者周公郊祀后稷以配天，宗祀文王於明堂，以配上帝。

上帝者，天之別名也。神無二主，故異其處，避后稷也。《史記・封禪書》集解「鄭玄曰」。《續漢書・祭祀志中》注無上「也」字。《南齊書・禮志上》：「《孝經》鄭玄注云：『上帝亦天別名。』」《唐書・王仲丘傳》：「鄭注《孝經》：『上帝亦天也。神無二主，但異其處，以避后稷。』」《釋文》：「故異其處，昌慮反。辟，后稷也，音避，本亦作『避』，同。」按：《正義》曰：「禮無二尊，既以后稷配郊天，不可又以文王配之。五帝，天之別名也。因享明堂，而以文王配之。」大致本鄭注。

是以四海之内，各以其職來祭。《禮記正義・禮器》《公羊疏・僖十五年》《後漢書注・班彪傳下》皆引《孝經》曰：「四海之内各以其職來助祭。」按：諸家所據《孝經》皆鄭注本也，是鄭本《孝經》有「助」字。今石臺本、唐石經皆無。然唐注云：「海内諸侯各脩其職來助祭也。」又「故得萬國之懽心，以事其先君〔一〕」注云「皆得歡心，則各以其職來助祭也」，似經本有「助」字，蓋襲用舊本有「助」字經之注耳。

於朝，直遥反。越嘗重直龍反。譯。本亦作「驛」，同音「亦」。《釋文》。

夫聖人之德，又何以加於孝乎？故親生之膝下，以養父母日嚴。《釋文》：「養，羊尚反。日，人實反。注同。」按：經「親」「嚴」對文，讀當「故親生之膝下」句，「以養」逗，「父母日嚴」句。「以養」與「生之」相對。養，長也；羊尚反，蓋非。

聖人因嚴以教敬，因親以教愛。

致其樂，洛，下「樂」同。親近附近之近。於母。《釋文》。《正義》曰：「舊注取《士章》之義，而分愛敬父母之别。」按：舊注與《釋文》合，知即鄭解也。《士章》「資於事父以事母，而愛同；資於事父以事君，而敬同」，此注蓋言親愛近於母，嚴敬近於父。

〔一〕「君」據前文當作「王」。

聖人之教，不肅而成，其政不嚴而治，

不令力正反。而行。《釋文》。

其所因者本也。

本謂孝也。《正義》曰：「注『本謂孝也』，此依鄭注也。」

父子之道，天性也。君臣之義也。父母生之，續莫大焉。君親臨之，厚莫重焉。《釋文》：「父子之道，古文從此已下別爲一章。續音俗，相續也。焉大焉，本今作莫。」按：「父母生之」四句字字整對，《漢書·藝文志》曰：「父母生之，續莫大焉。」臣瓚曰：「《孝經》云：『續莫大焉。』」是此經漢、晉、唐本皆作「續莫大焉」，此蓋文有脱誤。舊校意以鄭本作「續焉大焉」，非也。

復扶又反。何加焉。《釋文》。

故不愛其親，而愛他人者，謂之悖德；不敬其親，而敬他人者，謂之悖禮。《釋文》：「故不愛其親，古文從此已下別爲一章。悖，補對反，注下同。」按：當作

「注及下同」。

若桀其烈反。紂丈久反。是也。《釋文》。《正義》曰：「鄭注云：『悖若桀紂是也。』」

以順則逆，民無則焉。不在於善，而皆在於凶德。雖得之，君子不貴。君子則不然，言思可道，

言中丁仲反，下同。《詩》《書》。《釋文》。

行思可樂，《釋文》：「行思可樂，如字，音洛，注同。」按《釋文》及上「中」字音，知鄭注此云：「行中禮樂，樂如字讀。」「音洛」二字淺人所加。

德義可尊，作事可法，容止可觀，進退可度，

難進而盡津忍反。中，易以豉反。退而補過。古卧反。《釋文》。按：「中」當作「忠」。

以臨其民。是以其民畏而愛之，則而象之，

傚。户教反。《釋文》。按：《正義》曰：「法則而象效之。」

故能成其德教，而行其政令。

漸也。不令力政反，下文并注並同。而伐謂之暴。蒲報反。按：「并注」，徐本誤作「並注」，兹據葉鈔本校正。

《詩》云：淑人君子，其儀不忒。

淑，善也。忒，差也。《正義》曰：「淑，善也。忒，差也。此依鄭注也。」《文選注·王元長〈永明十一年策秀才文〉》五首：「鄭玄《孝經注》曰：『忒，差也。』」按：《釋文》曰「忒，差也」，本注。

紀孝行章第十

子曰：孝子之事親也，居則致其敬，

也盡津忍反。禮也。一本作「盡其敬也」，又一本作「盡其敬禮也」。《釋文》。按：

上「也」字當衍，注以「盡禮」釋「致敬」。《廣要道章》云：「禮者，敬而已矣。」餘二本非。

養則致其樂，病則致其憂，

色不滿容，行不正履。《正義》曰：「注『色不』至『正履』，此依鄭注也。」

喪則致其哀。

擗踊哭泣，盡其哀情。《正義》曰：「注『擗踊』至『哀情』，此依鄭注也。」《釋文》：「擗，婢亦反。踊，羊冢反。泣，器立反。」

祭則致其嚴。

齊側皆反，本又作「齋」。必變食，敬忌踧。子六反。《釋文》。按：「踧」下當脱「踖」字。

五者備矣，然後能事親。事親者，居上不驕，爲下不亂，在醜不争。

不忿芳粉反，下同。争也。《釋文》。按：「下同」，謂下「在醜而争則兵」注音同也。

《釋文》：「争鬭之争，注及下同。」

居上而驕則亡，爲下而亂則刑，在醜而争則兵。

好呼報反。亂則刑罰音伐。及其身也。《釋文》。

三者不除，雖日用三牲之養，猶爲不孝也。

不敢惡烏路反。於人親。《釋文》。按：《天子章》「愛親者不敢惡於人」，注當引此以證不孝，而文有脱誤。惡，舊讀如字；作「烏路反」，非。

五刑章第十一

子曰：五刑之屬三千，

科若和反。條三千，謂劓、魚器反。墨、宫割、或作「瞎」字。大辟。婢亦反，下同。穿音川。窬音俞，又音豆。盜徒到反。竊者劓，劫居業反。賊傷人者墨，男女不與禮交本或無「交」字者，非。者宫割，□□垣音袁。墻、本或作「廧」，同疾良反。開人關闟音藥。字或作「鑰」，通用。□□手殺人者大辟。《釋文》。陳仲魚云：「『劓、墨、宫割』下疑脱『腓』字。」顧千里云：「《釋文》『五刑之屬三千』，下云『墨劓剕宫大辟』，又引《吕刑》文，此注作『剕』不作『臏』之證。《釋文》謂與《周禮》微異者，蓋《周禮·司刑》作『刖』，注引《書傳》作『臏』，此其所以異歟？」按：「或作瞎字」，「瞎」當作「膳」，從肉。

而罪莫大於不孝。《正義》曰：「舊注及謝安、袁宏、王獻之、殷仲文等，皆以不孝之罪，聖人惡之，去在三千條外。」《周禮·大司徒職》「一曰不孝之刑」，釋曰：「《孝經》不孝不在三千者，深塞逆源，此乃禮之通教。」按：賈氏知《孝經》不孝不在三千者，據鄭注《孝經》言之也，與《正義》所引舊注合，鏞堂謂《正義》所引舊注即鄭解，此其信。

要君者無上，非聖人者無法，

非侮亡甫反。聖人者。《釋文》。按：「亡甫」舊誤作「亡肖」，今據《孝治章》釋文校正。

非孝者無親，此大亂之道也。

□人行者。一本作「非孝行者」，行音下孟反。《釋文》。按：所闕當是「非」字，《聖治章》云：「人之行莫大於孝。」故此注以孝爲人行，下章注以悌爲人行之次，一本非。

廣要道章第十二

子曰：教民親愛，莫善於孝。教民禮順，莫善於悌。《釋文》：「弟，本亦作『悌』，同。」按：《釋文》「孝悌」字有「弟」「悌」二本，而陸必以「弟」爲正。如《廣要道章》《廣揚名章》經、《三才章》注，今皆作「弟」者，因陸云「本亦作『悌』」，淺人不得擅改也。如《開宗明義章》注、《感應章》經，陸無「本亦作『悌』」之言，後人悉改爲「悌」矣。

人行下孟反。之次也。《釋文》。

移風易俗，莫善於樂。

樂，感人情者也。惡烏路反。鄭聲之亂樂也。《釋文》。按：《論語》作「亂雅樂」。

安上治民，莫善於禮。

上好呼報反。禮，則民易以豉反。使也。《釋文》。按：此及上注皆引《論語》文。《論語》《孝經》相應。

禮者，敬而已矣。

敬者，禮之本也。《正義》曰：「注『敬者，禮之本也』，此依鄭注也。」

故敬其父則子悅，敬其兄則弟悅，敬其君則臣悅，《釋文》：「說音悅，注及下皆同。」按：石臺本、唐石經、岳本皆作「悅」。

盡津忍反。禮以事。《釋文》。

敬一人而千萬人悅。《正義》曰：「舊注云：『一人謂父兄君，千萬人謂子弟臣也。』」按：《正義》凡五引舊注，其四皆與鄭同，則此亦鄭注也。

所敬者寡，而悅者衆，此之謂要道也。《釋文》：「要，因妙反，下同。」按：下無「要」字，當作「注同」。

廣至德章第十三

子曰：君子之教以孝也，非家至而日見之也。

言教不必家到户至，日見而語之，但行孝於内，其化自流於外。《正義》曰：

「注『言教』至『於外』，此依鄭注也。」《文選·庾元規〈讓中書令表〉》「天下之人何可門到户説」注：「《孝經》曰：『君子之教以孝，非家至而日見之。』鄭玄曰：『非門到户至而見之。』」又《任彦昇〈齊竟陵文宣王行狀〉》「不言之化，若門到户説矣」注：「《孝經》曰：『君子之教以孝，非家至而日見之。』鄭玄曰：『非門到户至而日見也。』」《釋文》：「語之，魚據反。但音誕。」按：《文選注》兩引《孝經》，皆無上下「也」字，疑今本衍。又注「門」「户」二字，正釋經「家」字，唐注改作「家到」，非。

教以孝，所以敬天下之爲人父者也。

天子事三老。《釋文》。按：《釋文》曰「三老，三公致仕」，此當本鄭注，與《禮記》注異義。

教以悌，所以敬天下之爲人兄者也。教以臣，所以敬天下之爲人君者也。

天子兄事五更。音庚。《釋文》。《正義》曰：「舊注用應劭《漢官儀》云『天子無父，父事三老，兄事五更』，乃以事父事兄爲教孝悌之禮。」

《詩》云：愷悌君子，民之父母。非至德，其孰能順民如此其大者乎！《釋文》：「愷，本又作『豈』，同苦在反。悌，本又作『弟』，同徒禮反。」按：石臺本、唐石經、岳本皆作「愷悌」，鄭本當本作「豈弟」，《釋文》蓋後人乙改。

廣揚名章第十四

子曰：君子之事親孝，故忠可移於君；

以孝事君則忠。唐注。按：《正義》不曰「此依鄭注」者，因欲明此爲《士章》之文，故略之。據下文注，知此爲依鄭注無疑。

事兄悌，故順可移於長；《釋文》：「弟，大計反，本作『悌』，下注皆同。長，丁丈反，注皆同。」

以敬事長則順。《正義》曰：「注『以敬事長則順』，此依鄭注也。」

居家理，故治可移於官。《釋文》：「居家理故治，直吏反，注同。讀『居家理故治』

絶句。」《正義》曰：「先儒以爲『居家理』下闕一『故』字，御注加之。」按《釋文》《正義》，知經作「居家理治，可移於官」。義疏家疑脱「故」字，唐明皇加之，猶改《洪範》「無偏無頗」爲「無陂」也。今石臺本、唐石經皆有「故」字可證。《釋文》所據鄭注本無「故」字，是以云「讀『居家理治』絶句」，與上文異讀也。今《釋文》大書、夾注皆有「故」字，則淺人據唐本增加耳。蓋忠與孝、悌與順，各兩事，故分言之。居家居官之理治則一也，故合言之。唐本增經字，非。

君子所居則化，故可移於官也。《正義》曰：「注『君子』至『官也』，此依鄭注也。」

是以行成於内，而名立於後世矣。

脩上三德於内，名自傳於後代。《正義》曰：「注『脩上』至『後代』，此依鄭注也。」

按：鄭注當作「後世」，唐人避諱改爲「代」。

諫諍章第十五

《釋文》題「諫諍章」。按：《正義》、石臺本、唐石經、岳本皆作「諫争」，經云「争臣」「争友」「争子」，作「争」是也。鄭注「諫諍」字兩見，《釋文》皆音爲「争鬭」之「争」，可見鄭本經作「争」，故陸爲注作音，此古人經注異字之證。今本及《釋文》皆改作「諫諍章」，非也。

曾子曰：若夫慈愛恭敬，安親揚名，則聞命矣。敢問子從父之令，可謂孝乎？子曰：是何言與？是何言與？《釋文》：「令，力政反，下及注皆同。是何言歟，音餘，下同，本今作『與』。」按：石臺本、唐石經、岳本皆作「與」，依《説文》「歟」爲正字，「與」爲通借字。

孔子欲見賢遍反。諫諍諍，鬭也。之端。《釋文》。按：「諍，鬭也」，諍當作争，《事君章》釋文音「諫諍」爲「争鬭」之「争」可證。此改「争，鬭也」爲「諍，鬭也」，猶改「諫争章」爲「諫諍章」矣。

昔者天子有争臣七人，雖無道，不失其天下；《釋文》云：「不失天下，本或作『不失其天下』，『其』衍字耳。」《漢書·霍光傳》：「聞天子有争臣七人，雖無道，不失天下。」按：石臺本作「不失天下」，唐石經衍「其」字，岳本、今本同。考《正義》本無其字。

七人謂三公及前疑、後承、左輔、右弼。《後漢書注·劉瑜傳》。《釋文》：「左輔右弼，皮密反。本又作『拂』，音同。前疑後丞，本亦作『丞』。」《正義》曰：「孔、鄭二注及先儒所傳，並引《禮記·文王世子》以解七人之義。」盧學士曰：「『本亦作丞』，『丞』爲『承』之訛。」

諸侯有爭臣五人，雖無道，不失其國；

使不危殆。大改反，下同。按：《諸侯章》「高而不危」，注云「危殆」，此當據以爲説。

大夫有爭臣三人，雖無道，不失其家；士有爭友，則身不離於令名；

《釋文》：「則身離於令名，力智反。」洪旌賢云：「《釋文》『離』上無『不』字。今本『不』字，疑後人所加。」顧千里云：「《釋文》本極是。《詩》『不離於裏』，《正義》謂之『離歷』，即《魚麗》傳之『麗歷』也。唐本『離』上有『不』字，豈因上下文皆有而以意增之邪？」按：《正義》、石臺本、唐石經皆衍作「則身不離於令名」。

父有爭子，則身不陷於不義。

父失則諫，故免陷於不義。《正義》曰：「注『父失』至『不義』，此依鄭注也。」

故當不義，則子不可以不争於父，臣不可以不争於君；故當不義，則争之。從父之令，又焉得爲孝乎？《釋文》：「焉，於虔反，注同。」

感應章第十六

《釋文》「感應章」，本今作「應感章」。按：《正義》、石臺本、唐石經、岳本皆作「應感章」，今本據《釋文》改作「感應」，非。

子曰：昔者明王事父孝，故事天明；

盡津忍反。孝於父[一]。《釋文》。

事母孝，故事地察；

視其常旨反。分符問反。理也。《釋文》。

長幼順，故上下治。天地明察，神明彰矣。《釋文》：「長，丁丈反，注同。治，

〔一〕「父」原作「孝」，據文意改。

直吏反，注同。神明章矣，如字，本又作『彰』。」按：《正義》、石臺本、唐石經、岳本皆作「彰」。

故雖天子，必有尊也，言有父也；必有先也，言有兄也。

謂養老也。父謂君老也。《禮記正義·祭義》。按：「君」爲「三」字之訛。《廣至德章》注謂「天子父事〔一〕三老，兄事五更」，則此注當有「兄謂五更也」一句。

宗廟致敬，不忘親也；脩身慎行，恐辱先也。宗廟致敬，鬼神著矣。

事生者易，以豉反。故重直用反，又直龍反。其文也。《釋文》。《正義》曰：「舊注以爲事生者易，事死者難，聖人慎之，故重其文。」按《釋文》，知《正義》所引舊注即鄭解也。

孝悌之至，通於神明，光于四海。按：石臺本、唐石經、岳本皆作「光于」，正德本疏中引注作「通於神明，光於四海」，當據以訂正。

〔一〕「事」原作「字」，據《廣至德章》所輯鄭注改。

則重直龍反。譯音亦。來貢。公弄反。《釋文》。

《詩》云：自西自東，自南自北，無思不服。

義取德教流行，莫不服義從化也。《正義》曰：「注『義取』至『化也』，此依鄭注也。」《釋文》：「莫不被，皮寄反，一本作『章移反』。本今作『莫不服』。」按：鄭注當從《釋文》作「被」，唐注改作「服」，與經字同矣。「一本」以下十二字非陸語。

事君章第十七

子曰：君子之事上也，

上陳諫諍争鬬之争。之義畢，欲見。賢遍反。《釋文》。《正義》曰：「此孝子在朝事君之時也，故以名章。」

進思盡忠，

死君之難爲盡忠。《文選注·曹子建〈三良詩〉》「《孝經》注」。《釋文》：「死君之難，乃旦反。」

退思補過，《正義》曰：「舊注：韋昭云『退居私室，則思補其身過』。今云「君有過則思補益」，出《制旨》也。」按：《正義》所據舊注皆鄭氏也，此兼引韋昭者，蓋韋與鄭同。《聖治章》「進退可度」注云「難進而盡忠，易退而補過」，可證鄭注爲「人臣補其身過也」。

將順其美，匡救其惡，故上下能相親也。唐石經原刻作「故上下能相親」，後磨改作「故上下能相親也」。

《詩》云：心乎愛矣，遐不謂矣。中心藏之，何日忘之。《釋文》：「中，本亦作『忠』。」按：《毛詩》古文作「中心藏之」，三家《詩》今文作「忠心藏之」，《孝經》爲今文，鄭本當作「忠」，引《詩》以證「進思盡忠」也，此蓋後人據《毛詩》乙改。

喪親章第十八

子曰：孝子之喪親也，

生事已畢，死事未見，故發此事。《正義》曰：「注『生事』至『此事』，此依鄭注也。」《釋文》：「死事未見，賢遍反。」按：《正義》曰：「説生事之禮已畢，其死事經則未見，故又發此章以言也。」然則「故發此事」當作「此章」。

哭不偯，《釋文》：「哭不偯，於豈反，俗作『哀』，非。《説文》作『忢』，云『痛聲也』，音同。」高祖玉林先生曰：「案《説文》：『忢，痛聲也，從心依聲。』《孝經》曰：『哭不忢偯。』蓋『依』之譌。忢、依古今字。《説文序》『言《論語》《孝經》皆古文』，則古文《孝經》作『哭不忢』，今文《孝經》作『哭不依』，《釋文》引作『忢』，爲轉寫之譌。因本作『依』，故鄭云『聲不委曲』。」鏞堂謹按：《説文》無「偯」字。哀從口，衣聲。依從人，衣聲。依、偯聲形皆相近，故誤。陸本作「依」，故云「《説文》作『忢』，音同」，又云「俗作『偯』，非」。以「偯」爲「依」之俗寫也。今「依」既誤「偯」，因改「偯」爲「哀」，然必不當有作「哭不哀」者，是可證「哀」爲「偯」之改，「偯」爲「依」之訛矣。《禮記·間傳》「三曲而偯」誤同。

氣竭而息，聲不委曲。《正義》曰：「注『氣竭』至『委曲』，此依鄭注也。」

禮無容，言不文，《釋文》：「言不文，文，飾也。本或作『聞』，非。」

不爲趨七須反。翔，唯維癸反，又以水反。而不對也。《釋文》。按：「唯而不對」，《禮記・間傳》文。

服美不安，

去羌吕反。文繡，衣於既反。衰七雷反。字或作「縗」，同。服也。《釋文》。

聞樂不樂，

悲哀在心，故不樂也。《正義》曰：「注『悲哀』至『樂也』，此依鄭注也。」《釋文》：「故不樂也，音洛。」

食旨不甘，此哀戚之情也。《釋文》：「此哀慼之情，七歷反。」按：石臺本、岳本作「此哀慼之情也」，今本作「戚」，非。唐石經闕。下文「而哀慼之」「死事哀慼」，皆「戚」下加「心」，則此必作「慼」可知。正德本疏中云：「此上六事，皆哀慼之情也。」則《正義》本作「慼」，監本、毛本疏悉改爲「戚」矣。

三日而食，教民無以死傷生，毀不滅性，此聖人之政也。

不嘗如字。鹹音咸。酸素丸反。而食粥。之六反，又音育。《釋文》。

毀瘠羸瘦，孝子有之。《文選注·謝希逸〈宋孝武宣貴妃誄〉》「鄭玄《孝經注》」。《釋文》：「瘠，情口反。羸，力爲反。瘦，色救反，一本作『病』，或作『憊』，皮拜反。」

喪不過三年，示民有終也。

三年之喪，天下達禮。《正義》曰：「云『三年之喪，天下達禮』者，此依鄭注也。」不肖者企丘跂反。而及之，賢者俯音甫。而就之。再期。本又作「朞」，音同。《釋文》。盧學士曰：「《禮記·喪服小記》『再期之喪三年也』，鄭注當引此文。」

爲之棺椁、衣衾而舉之，《釋文》：「槨，音椁。衾，其蔭反，注同，舊如字。」按：石臺本、唐石經、岳本皆作「椁」。正德本、監本疏中多作「槨」，則《正義》與《釋文》同，毛本疏盡改爲「椁」矣。

周尸爲棺，周棺爲椁，《正義》曰：「云『周尸爲棺，周棺爲椁』者，此依鄭注也。」衾謂單，音丹。一本作「殮」，力瞻反。可以亢苦浪反，舉也。尸而起也。《釋文》。按：《正義》曰「衾謂單被」，當本鄭注。《釋文》「單」下當有「被」字。

陳其簠簋而哀慼之；

内圓外方，受斗二升者。《周禮疏・舍人》：「釋曰：云『方曰簠，圓曰簋』，皆據外而言。案《孝經》云『陳其簠簋』，注云『内圓外方，受斗二升者』，直據簠而言。若簋則内方外圓。」又《瓬人》：「釋曰：《孝經》『陳其簠簋』，注云『内圓外方者』，彼發簋而言之。」《儀禮疏・少牢饋食禮》：「釋曰：《孝經注》直云『外方曰簋』者，據而言。」按：「外方曰簋者據而言」，當作「外方内圓者據簋而言」。

擗踴哭泣，哀以送之；《釋文》：「擗，婢亦反，字亦作『躃』。踊，音勇。」《文選注・宋孝武宣貴妃誄》：「《孝經》曰：『擗踴哭泣。』」按：石臺本作「擗踴哭泣」，唐石經、岳本「踴」作「踊」，《釋文》蓋本作「踴，音勇」，後人據今本改之。

啼號户高反。竭情也。《釋文》。

卜其宅兆，而安措之；《釋文》：「而安厝之，七故反，字亦作『措』。」按：《儀禮・士喪禮》注「《孝經》曰『卜其宅兆，而安厝之』」，與《釋文》所據鄭本正合。石臺本、唐石經、岳本皆作「措」。

葬事大，故卜之。《正義》曰：「云『葬事大，故卜之』者，此依鄭注也。」《周禮疏・小宗伯》：「《孝經》『卜其宅兆』，注按『兆』以爲『龜兆』解之。」按：《釋文》曰：「兆，卦也。」本注。《儀禮疏·士喪禮》稱此注「兆」爲「吉兆」，與《周禮疏》及《釋文》合。但俱是約鄭義言之，故未可竟作鄭注。詳《序録》。

爲之宗廟，以鬼享之；《釋文》：「廟字當作庿。以鬼享之，許丈反。又作『饗之』。」

按：石臺本「享」作「亨」，《閎明集》卷九引作「饗」。

宗，尊也。廟，貌也。親雖亡没，事之若生，爲立宮室，四時祭之，若見鬼神之容貌。《詩正義·清廟》「《孝經注》云」。《正義》曰：「舊解云：宗，尊也。廟，貌也。言祭宗廟，見先祖之尊貌也。」

春秋祭祀，以時思之。

四時變易，物有成熟，將欲食之，先薦先祖。念之若生，不忘親也。《太平御覽》卷五百二十五鄭玄注。

生事愛敬，死事哀慼，

無遺纖息廉反。也。《釋文》。

生民之本盡矣，死生之義備矣，

尋繹音亦。天經地義，究音救。竟人情也。《釋文》。

孝子之事親終矣。

行下孟反。畢，孝成。《釋文》。

孝經鄭氏解一卷

武進臧鏞堂述

同懷弟禮堂學

嘉慶壬戌孟冬錢塘嚴杰讀。時寓西湖詁經精舍之第一樓。

孝經解

題【漢】鄭玄撰
【清】黄奭輯

孝經解

甘泉黄奭學

序

《孝經》者，三才之經緯，五行之綱紀。孝爲百行之首，經者至易之稱。《玉海》四十一。《春秋》有吕國而無甫侯。《禮記·緇衣》正義。僕避兵於南城之山，棲遲巖石之下，念昔先人，餘暇述夫子之志，而注《孝經》焉。《大唐新語》九、《太平御覽》四十二《地部》。

開宗明義章

仲尼尻，

仲尼，孔子字。日本國岡田本。尻，尻講堂也。《釋文》

曾子侍。

曾子，孔子弟子也。岡田本。

子曰：先王有至德要道，

子者，孔子。岡田本。禹，三王最先者。至德，孝悌也。要道，禮樂也。《釋文》。

以順天下，民用和睦，上下無怨。

以，用也。睦，親也。至德以教之，要道以化之，是以「民用和睦，上下無怨」也。岡田本。

參不敏。

參，名也。參不達。岡田本。敏，猶達也。《儀禮·鄉射記》疏。

夫孝，德之本也，

人之行，莫大於孝，故爲德本。《正義》。《釋文》有「人之行」三字。岡田本末句作「故曰德之本也」。

教之所由生也。

教人親愛，莫善於孝，故言「教之所由生」。岡田本。

身體髮膚，受之父母，不敢毀傷。

父母全而生之，己當全而歸之。《正義》。

以顯父母。

父母得其顯譽也者。《釋文》。

始於事親，中於事君，終於立身。

父母生之，是事親爲始。四十彊而仕，是事君爲中。七十致仕，是立身爲終。《正義》。《釋文》四十作「卌」，又有「行步不逮縣車」六字。

《大雅》云：「無念爾祖。」

雅者，正也。方始發章，以爲正始。《正義》。《大雅》者，《詩》之篇名。無念，無忘也。聿，述也。修，治也。爲孝之道，無敢忘爾先祖，當修治其德也。岡田本。《釋文》有「無念無忘也」五字。

天子章

愛親者，不敢惡於人。

愛其親者，不敢惡於他人之親。岡田本。

敬親者，不敢慢於人。

己慢人之親，人亦慢己之親，故君子不爲也。岡田本。

愛敬盡於事親，

盡愛於母，盡敬於父。岡田本。

而德教加於百姓，

敬以直内，義以方外，故德教加於百姓也。岡田本。

刑於四海，刑，岡田本作「形」。

形，見也。德教流行，見四海也。岡田本。《釋文》有「刑見」二字。

蓋天子之孝也。

蓋者，謙辭。《正義》。

《吕刑》云：「一人有慶，兆民賴之。」

引辟連類。《文選·孫子荆〈爲石仲容與孫皓書〉》注。《書》録王事，故證《天子》之章，以爲引類得象。《正義》。案：「《書》録王事」是《疏》申明鄭注之文，鄭注止引「引類得象」四字。《釋文》有「引辟」二字。億萬曰兆。天子曰「兆民」，諸侯曰「萬民」。《五經算術》上。《吕刑》，《尚書》篇名。一人，謂天子。天子爲善，天下皆賴之。岡田本。

諸侯章

在上不驕，高而不危。

諸侯在民上，故言「在上」。敬上愛下，謂之「不驕」。故居高位而不危殆也。岡田本。《釋文》有「危殆」二字。

制節謹度，滿而不溢。

費用約儉，謂之「制節」；慎行禮法，謂之「謹度」。無禮爲驕，奢泰爲溢。《正義》。《釋文》有「費用約儉，奢泰爲溢」八字。岡田本首二句同，「慎行禮法」句作「奉行天子法度，謂之謹度」，下有「故能守法而不驕溢也」九字，而無「無禮」二句。

高而不危，所以長守貴也。

居高位能不驕，所以長守貴也。岡田本。

滿而不溢，所以長守富也。

雖有一國之富，而不奢泰，故能長守富。岡田本。

富貴不離其身，

富能不奢，貴能不驕，故云「不離其身」。岡田本。《釋文》「不離」上有「富貴」二字。

然後保其社稷，

上能長守富貴，然後乃能保其社稷。岡田本。社謂后土。《周禮・封人》疏。

而和其民人，

薄賦斂，省傜役，是以民人和也。岡田本。《釋文》有「薄賦斂，省傜役」六字。

蓋諸侯之孝也。

列土封疆，謂之諸侯。《周禮・大宗伯》疏。《釋文》有「列土封疆」四字。

《詩》云：「戰戰兢兢，如臨深淵，如履薄冰。」

戰戰，恐懼。兢兢，戒慎。如臨深淵，恐墜。如履薄冰，恐陷。岡田本。義取爲君恒須戒懼。明皇注「如臨」二句作「臨深恐墜，履薄恐陷」，增「義取爲君恒須戒懼」八字。《正義》曰：「此依鄭注也。」《釋文》有「戰戰兢兢，恐墜恐陷」八字。

卿大夫章

非先王之法服不敢服，

法服，謂日、月、星辰、山、龍、華蟲、藻、火、粉、米、黼、黻，皆文繡。《北堂書鈔》八十六。《釋文》有「服山、龍，服華蟲，服藻、火，服粉、米，皆謂文繡也」十七字。先王制五服。天子服日、月、星辰，諸侯服山、龍、華蟲，大夫服藻、火，士服粉、米。《書鈔》一百二十八無「先王制五服」五字。《周禮・小宗伯》疏引「先王制五服，日、月、星辰服，諸侯服山、龍」云云。案：「日月星辰服」當作「服日月星辰」。《文選・陸士龍〈大將軍讖會詩》》注引「大夫服藻火」五字。田獵、戰伐、卜筮，冠皮弁，衣素積，百王同之，不改[一]易。《儀禮·少牢饋食禮》疏無「田獵戰伐」四字。《詩·六月》正義引「田獵、戰伐，冠皮弁」七字。《釋文》有「田獵、戰伐，冠，素積」七字。

非先王之法言不敢道，

不合《詩》《書》，則不敢道。岡田本。

非先王之德行不敢行。

不合禮樂，則不敢行。岡田本。禮以檢奢。《釋文》。

是故非法不言，非道不行。

非《詩》《書》則不言，非禮樂則不行。岡田本。

三者備矣，

法先王服，言先王道，行先王德，則爲備矣。岡田本。

〔一〕「改」原作「敢」，據《孝經注疏》《儀禮疏》改。

然後能守其宗廟，

為作宮室。《釋文》。

蓋卿大夫之孝也。

張官設府，謂之卿大夫。《禮記·曲禮》正義。

「夙夜匪懈，以事一人。」

夙，早也。夜，暮也。一人，天子也。卿大夫當早起夜卧，以事天子，勿懈惰。岡田本。《釋文》有「夜，暮也。解，惰」五字。匪，非也。懈，惰也。《華嚴音義》二十。

士章

資於事父以事母，而愛同。

資者，人之行也。《釋文》、《公羊·定四年》疏。事父與母，愛同，敬不同也。岡田本。

資於事父以事君，而敬同。

事父與君，敬同，愛不同。岡田本。

兼之者，父也。

兼，并也。愛與母同，敬與君同，并此二者，事父之道也。岡田本。

故以孝事君則忠，以敬事長則順。

移事父孝以事於君，則爲忠矣。移事兄敬以事於長，則爲順矣。《正義》、岡田本。

忠順不失，以事其上，

事君能忠，事長能順，二者不失，可以事上也。岡田本。

然後能保其禄位，

食稟爲禄。《釋文》「爲」下缺「禄」字。

而守其祭祀，

始爲曰祭。《釋文》：「一本作『始曰爲祭』。」

蓋士之孝也。

別是非。《釋文》。案：《白虎通》：「通古今，辯然否，謂之士。」別是非，猶之辯然否也。

夙興夜寐，無忝爾所生。

忝，辱也。所生，謂父母。士爲孝，當早起夜卧，無辱其父母也。岡田本。

案：明皇注與此注小異，《正義》不云依鄭注，疑誤説。

庶人章

用天之道，

春生，夏長，秋收，冬藏，順四時以奉事天道。岡田本。《釋文》《正義》俱有「春生夏長」八字。

分地之利，

分別五土，視其高下。若高田宜黍稷，下田宜稻麥，丘陵阪險宜種棗栗。《初學記》卷五、《太平御覽》三十六。《正義》以「分別五土」二句爲鄭注。《釋文》有「分別五土，丘陵阪險宜棗栗」十一字。

謹身節用，以養父母，此庶人之孝也。

行不爲非。度財爲費，什一而出。無所復謙。《釋文》。行不爲非爲謹身，富不奢泰爲節用。度財爲費，父母不乏也。岡田本。

故自天子至於庶人，孝無終始，而患不及者，未之有也。

患，禍也。《書》曰：「天道福善禍淫。」又曰：「惠迪吉，從逆凶。」《正義》。總説五孝，上從天子，下至庶人，皆當孝無終始。能行孝道，故患難不及其身。「未之有」者，言未之有也。岡田本。《釋文》有「故患難不及其身也，善未之有也」十三字。《正義》有「善未有也」四字。

三才章

甚哉，孝之大也。

語喟然。《釋文》。上從天子，下至庶人，皆當爲孝無終始。曾子乃知孝之爲大。岡田本。

夫孝，天之經也，

春秋冬夏，物有死生，天之經也。岡田本。

地之義也，

山川高下，水泉流通，地之義也。岡田本。

民之行也。

孝悌恭敬，民之行也。岡田本。《釋文》有「孝悌恭敬」四字。

天地之經，而民是則之。

天有四時，地有高下，民居其間，當是而則之。岡田本。

則天之明，

則，視也。視天四時，無失其早晚也。岡田本。

因地之利，

因地高下所宜何等。岡田本。

以順天下，是以其教不肅而成，

以，用也。用天四時、地利，順治天下，下民皆樂之，是以其教不肅而成也。岡田本。《釋文》有「民皆樂之」四字。

其政不嚴而治。

政不煩苛，故不嚴而治也。岡田本。《釋文》有「政不煩苛」四字。

先王見教之可以化民也，

見因天地教化民之易也。《正義》，岡田本同。《釋文》有「民之易也」四字。

是故先之以博愛，而民莫遺其親；

先修人事，人事流化於民也。岡田本。

陳之以德義，而民興行；

上好義，則民莫敢不服也。岡田本。《釋文》有「上好義」三字。

先之以敬讓，而民不争；

若文王敬讓於朝，虞、芮推畔於田，則下効之。《釋文》。岡田本「田」作「野」，下有「上行之」三字，又「效之」下有「法」字。

道之以禮樂，而民和睦；

上好禮，則民莫敢不敬。岡田本。

示之以好惡，而民知敬。

善者賞之，惡者罰之，民知禁，不敢爲非也。岡田本。

「赫赫師尹，民具爾瞻。」

若冢宰之屬也。女當視民。《釋文》、《詩・節南山》疏。

孝治章

昔者明王之以孝治天下也，不敢遺小國之臣，而况於公、侯、伯、子、男乎？故得萬國之懽心，以事其先王。

昔，古也。《公羊·序》疏。聘問天子無恙。五年一朝，郊迎，芻禾百車，以客禮待之。夜設庭燎。當爲王者。侯者，候伺。伯者，長。男者，任也。德不倍，別優。五年一巡守，勞來。《釋文》。古者，諸侯五年一朝，天子使世子郊迎，芻米百車，以客禮待之。晝坐正殿，夜設庭燎，思與相見，問其勞苦也。《太平御覽》一百四十七。《周禮·大行人》疏引鄭注：「世子郊迎。」《儀禮·覲禮》疏引鄭注：「天子使世子郊迎。」德不倍者，不異其爵；功不倍者，不異其土，故轉相半，別優劣。諸侯五年一朝天子，天子亦五年一巡守。《禮記·王制》正義。古者，諸侯歲遣大夫聘問天子，天子待之以禮，此不遺小國之臣者也。岡田本下有「古者，諸侯五年一朝天子，天子使世子郊迎」至「待之」，與《御覽》同。諸侯五年一朝天子，各以其職來助祭宗廟，是得萬國之歡心，事其先王也。岡田本。

治國者不敢侮於鰥寡。

治國者，諸侯也。岡田本。丈夫六十無妻曰鰥，婦人五十無夫曰寡。《詩·桃夭》正義。《禮記·王制》正義「丈夫」作「男子」。《廣韻·二十八山》無「丈夫」「婦人」四字。《文選·潘安仁〈關中詩〉》注引：「五十無夫曰寡。」

治家者不敢失於臣妾之心，

理家，謂卿大夫。《正義》。臣，男子賤稱。妾，女子賤稱。《釋文》。

故得人之懽心，以事其親。

小大盡節養。《釋文》。案：「養」字當在下文「則致其樂」上。

夫然，故生則親安之，

養則致其樂，故親安之也。岡田本。案：《釋文》有「則致其樂」四字，「養」字誤在上「盡節」下。

祭則鬼饗之。

祭則致其嚴，故鬼饗之也。岡田本。

是以天下和平，

上下無怨，故和平。岡田本。

灾害不生，

風雨順時，百穀成熟。岡田本。

禍亂不作。

君惠，臣忠，父慈，子孝，是以禍亂無緣得起也。岡田本。

故明王之以孝治天下也如此。

故上明王所以灾害不生，禍亂不作，以其孝治天下，故致於此。岡田本。

「有覺德行，四國順之。」

覺，大也。義取天子有大德行，則四方之國，順而行之。《正義》。岡田本無

「義取天子」四字，「四方」上無「則」字，「行之」下有「也」字。

聖治章

天地之性，人爲貴。

貴其異於萬物也。《正義》，岡田本同。

人之行，莫大於孝，

孝者，德之本，又何加焉？岡田本。

孝莫大於嚴父，

莫大於尊嚴其父。岡田本。

嚴父莫大於配天，

尊嚴其父，莫大於配天。生事愛敬，死爲祀主也。岡田本。

則周公其人也。

尊嚴其父，配食天者，周公爲之。岡田本。

昔者周公郊祀后稷以配天，

祀感生之帝，以帝嚳配祭圜丘。《正義》。配靈威仰也。《通典》。郊者，祭天名。后稷者，周公始祖。岡田本。《宋書·禮志三》引「郊者，祭天之名」。

宗祀文王於明堂，以配上帝，

文王，周公之父。明堂者，天子布政〔一〕之宫。上帝者，天之别名。岡田本。明堂，居國之南，明陽之地，故曰明堂。《南齊書》九。明堂之制，八窗四闥，上圓下方，在國之南。《玉海》九十五。《御覽·居處部》有「明堂之制，八窗四闥」八字。上帝者，天之别名也。神無二主，故異其處，避后稷也。《史記·封禪書》集解。《後漢·祭祀志中》注引，「上帝」上有「明堂者，天子布政之堂」九字。《舊唐書·禮儀志

〔一〕「政」原作「改」，據《知不足齋叢書》所收岡田本《孝經鄭注》改。

一》引亦有「明堂者」九字，而無「避后稷也」四字。又《唐書・王仲邱傳》引「上帝亦天也。神無二主，但異其處，以避后稷」數句。《宋書・禮志三》引末句作「故明堂異處，以避后稷」，餘俱與《後漢志》同。《釋文》有「故明堂異處，避后稷也」九字。

各以其職來助祭。

周公行孝於朝，越嘗重譯來貢，是以得萬國之歡心也。岡田本。《釋文》有「於朝，越嘗重譯」六字。

夫聖人之德，又何以加於孝乎？

孝悌之至，通於神明，豈聖人所能加？岡田本。

聖人因嚴以教敬，因親以教愛。

因人尊嚴其父，教之爲敬；因親近於其父，教之爲愛，順人情也。岡田本。

案：《釋文》有「致其樂，親近於母」七字，此「親近於其父」，「父」當作「母」。

聖人之教，不肅而成，其政不嚴而治，

聖人因人情而教民，民皆樂之，故不肅而成也。其身正，不令而行，故不嚴而治。岡田本。《釋文》有「不令而行」四字。

其所因者本也。

本，謂孝也。《正義》、岡田本。

父子之道，天性也。君臣之義也。

性，常也。君臣非有天性，但義合耳也。岡田本。

父母生之，續莫大焉。

父母生子，骨肉相連屬，復何加焉。岡田本。《釋文》有「復何加焉」四字。

君親臨之，厚莫重焉。

君親擇賢，顯之以爵，寵之以禄，厚之至也。岡田本。

故不愛其親，而愛他人者，謂之悖德；

人不能愛其親，而愛他人親者，謂之悖德。岡田本。

不敬其親，而敬他人者，謂之悖禮。

不能敬其親，而敬他人之親者，謂之悖禮也。岡田本。

以順則逆，

以悖爲順，則逆亂之道也。岡田本。

民無則焉。

則，法。岡田本。

不在於善，而皆在於凶德。

惡人不能以禮爲善，乃化爲惡，若桀紂是爲善。岡田本。《釋文》：「若桀紂是也。」《正義》：「悖若桀紂是也。」案：注「爲善」當作一「也」字。

君子則不然，言思可道，

君子不爲逆亂之道，言中《詩》《書》，故可傳道也。岡田本。《釋文》有「言中詩書」四字。

行思可樂，

動中規矩，故可樂也。岡田本。

德義可尊，

可尊法也。岡田本。

作事可法，

可法則也。岡田本。

容止可觀，

威儀中禮，故可觀。岡田本。

進退可度。

難進而盡中，易退而補過。《釋文》。岡田本同，「中」作「忠」。

是以其民畏而愛之，

畏其刑罰，愛其德義。岡田本。

則而象之，

傚。《釋文》。

故能成其德教，

漸也。《釋文》。

而行其政令。

不令而伐謂之暴。《釋文》。

「淑人君子，其儀不忒。」

淑，善也。忒，儀也。善人君子，威儀不差，可法則也。岡田本。《正義》有「淑，善也。忒，差也」六字。《文選·王元長〈永明十一年策秀文〉》注引：「忒，差也。」

紀孝行章

居則致其敬，

盡其敬禮也。《釋文》：「一本作『盡其敬也』。」

養則致其樂，

樂竭歡心，以事其親。岡田本。

病則致其憂，

色不滿容，行不正履。《正義》。

喪則致其哀，

擗踊哭泣，盡其哀情。《正義》《北堂書鈔》九十三。《釋文》有「擗踊泣」三字。

祭則致其嚴。

齋必變食，敬忌踧。《釋文》。案：「踧」下脱「踖」字。齋戒沐浴，明發不寐。

《北堂書鈔》八十六。

居上不驕，爲下不亂，

雖尊爲君，而不驕也。爲人臣下，不敢爲亂也。岡田本。

在醜不爭。

忿爭爲醜。醜，類也。以爲善，不忿爭。岡田本。《釋文》有「不忿爭也」四字。

居上而驕則亡，

富貴不以其道，是以取亡也。岡田本。

爲下而亂則刑，

爲人臣下好作亂，則刑罰及其身。岡田本。《釋文》作「好亂，則刑罰及其身也」。

在醜而爭則兵。

朋友中好爲忿爭者，惟兵刃之道。岡田本。

三者不除，雖日用三牲之養，猶爲不孝也。

夫愛親者，不敢惡於人之親。今反驕亂忿爭，雖日致三牲之養，豈得爲孝乎？岡田本。《釋文》有「不敢惡於人親」六字。

五刑章

五刑之屬三千。

五刑者，謂墨、劓、臏、宫割、大辟也。岡田本。科條三千，謂劓、墨、宫割、大辟。穿窬盗竊者劓，劫賊傷人者墨，男女不與禮交者宫割，垣墻、開人關閫，案：「垣」上「閫」下，俱有缺文。手殺人者大辟。《釋文》。

要君者無上，

事君，先事而後食禄，今反要君，此無尊上之道。岡田本。

非聖人者無法，

非侮聖人者，不可法。岡田本。《釋文》有：「非侮聖人者」五字。

非孝者無親，

己不自孝，又非他人爲孝，不可親。岡田本。

此大亂之道也。

事君不忠，侮聖人言，非孝。非孝者，大亂之道也。岡田本。案：《釋文》有「人行者」三字，一本作「非孝行」，此「非孝非孝」者，當作「非孝行者」。

廣要道章

教民親愛，莫善於孝。教民禮順，莫善於悌。

人行之次也。《釋文》

移風易俗，莫善於樂。

樂，感人情者也。惡鄭聲之亂樂也。《釋文》。夫樂者感人情，樂正則心正，樂淫則心淫也。岡田本。

安上治民，莫善於禮。

上好禮，則民易使也。《釋文》。岡田本無「也」字。

禮者，敬而已矣。

敬，禮之本，有何加焉。岡田本。《正義》：「敬者，禮之本也。」無下一句。

故敬其父則子悦，

盡禮以事。《釋文》。

敬一人而千萬人悦。所敬者寡，悦者衆，

所敬一人，是其小；千萬人悦，是其衆。岡田本。

此之謂要道也。

孝弟以教之，禮樂以化之，此謂要道也。岡田本。

廣至德章

非家至而日見之也。

言教不必家到户至，日見而語之，但行孝於内，其化自流於外。《正義》。《釋文》有「而日語之但」五字，岡田本「但行孝於内，流化於外也」。《文選・庾元規〈讓中書令表〉》注引作「非門到户至而見之」。又《任彦升〈齊竟陵文宣王行狀〉》注引：「非門到户至，而日見也。」

教以孝，所以敬天下之爲人父者也。

天子無父，事三老，所以教天下孝也。岡田本。《釋文》有「天子事三老」五字，「事」上疑脱「父」字。

教以悌，所以敬天下之爲人兄者也。

天子無兄，事五更，所以教天下悌也。岡田本。《釋文》有「天子兄弟五更」六字。案：「弟」當作「事」。

教以臣，所以敬天下之爲人君者也。

天子郊，則君事天；廟，則君事户，所以教天下臣。岡田本。

「愷悌君子，民之父母。」

以上三者，教於天下，真民之父母。岡田本。

非至德，其孰能順民如此其大者乎！

至德之君，能行此三者，教於天下也。岡田本。

廣揚名章

君子之事親孝，故忠可移於君；

以孝事君則忠。《正義》。欲求忠臣，出孝子之門，故可移於君。岡田本。

事兄悌，故順可移於長；

以敬事長則順。《正義》。以敬事兄則順，故可移於長也。岡田本。

居家理，故治可移於官。

君子所居則化，故可移於官也。《正義》。岡田本「則化」下多「所在則治」四字。

是以行成於内，而名立於後世矣。

修上三德於内，名自傳於後代。《正義》

諫諍章

是何言歟？

孔子欲見諫諍之端。《釋文》

天子有争臣七人，雖無道，不失其天下；

七人者，謂大師、大保、大傅、左輔、右弼、前疑、後丞，維持王者，使不危殆。岡田本。《釋文》有「左輔右弼、前疑後丞，使不危殆」十二字。《後漢・劉瑜傳》注引：「七人，謂三公，前疑後丞，左輔右弼。」

諸侯有争臣五人，雖無道，不失其國；大夫有争臣三人，雖無道，不失其家；

尊卑輔善，未聞其官。岡田本。

士有争友，則身不離於令名；

令，善也。士卑無臣，故以賢友助己。岡田本。

父有争子，則身不陷於不義。

父失則諫，故免陷於不義。《正義》

從父之令，又焉得爲孝乎？

委曲從父命，善亦從善，惡亦從惡，而心有隱，豈得爲孝乎？岡田本。

感應章

明王事父孝，故事天明；事母孝，故事地察；

盡孝於父。視其分理也。《釋文》。盡孝於父，則事天明。盡孝於母，能事地，察其高下，視其分察也。岡田本。察，「分察」當作「分理」。

長幼順，故上下治。

卑事於尊，幼順於長，故上下治。岡田本。

天地明察，神明彰矣。

事天能明，事地能察，德合天地，可謂彰矣。岡田本。

故雖天子，必有尊也，言有父也；

雖貴爲天子，必有所尊，事之若父，三老是也。岡田本。謂養老也。父謂君老也。《禮記・祭義》正義。案：「君」是「三」字之誤。治其國者上老，故雖天子，必有尊也。《北堂書鈔》八十三。

必有先也，言有兄也。

必有所先，事之若兄，五更是也。岡田本。

宗廟致敬，不忘親也；

設宗廟，四時齋戒以祭之，不忘其親。岡田本。

修身慎行，恐辱先也。

修身者，不敢毀傷。慎行者，不歷危殆。常恐辱己先也。岡田本。

宗廟致敬，鬼神著矣。

事生者易，事死者難，聖人慎之，故重文。岡田本。《正義》引舊注，「文」上有「其」字。《釋文》有「事生者易，故重其文也」九字。

孝悌之至，通於神明，光於四海，無所不通。

孝至於天，則風雨時；孝至於地，則萬物成；孝至於人，則重譯來貢。故無所不通也。岡田本。《釋文》有「則重譯來貢」五字。

無思不服。

義取德教流行，莫不被義從化也。《正義》。《釋文》有「莫不被」三字。岡田本作

「孝道流行，莫敢不服」。

事君章

君子之事上也，進思盡忠。

上陳諫諍之義畢，欲見死君之難。《釋文》。死君之難爲盡忠。《文選・曹子建〈三良詩〉》注。

故上下能相親也。

君臣同心，故能相親。岡田本。

喪親章

孝子之喪親也，

生事已畢，死事未見，故發此章。《正義》。《釋文》有「死事未見」四字。

哭不偯，

氣竭而息，聲不委曲。《正義》。

禮無容，言不文，

不爲趨翔，唯而不對也。《釋文》。禮無容，觸地無容。言不文，不爲文飾。《北堂書鈔》九十三。明皇注有「觸地無容，不爲〔一〕文飾」八字。《正義》云：「依鄭注。」

服美不〔二〕安，

去文繡，衣衰般也。《釋文》。案：「般」疑作「服」。

聞樂不樂，

悲哀在心，故不樂也。《正義》。《釋文》有「故不樂也」四字。

〔一〕「爲」字原脱，據《孝經注疏》補。
〔二〕「不」字原脱，據《孝經》經文補。

食旨不甘。

不嘗鹹酸而食粥。《釋文》。

毁不滅性。

毁瘠羸瘦，孝子有之。《文選·謝希逸〈宋孝武宣貴妃誄〉》注。《釋文》有「毁瘠羸瘦」四字。

喪不過三年，示民有終也。

三年之喪，天下達禮。《正義》。不肖者企而及之，賢者俯而就之。再期。《釋文》

爲之棺椁、衣衾而舉之，

周尸爲棺，周棺爲椁。《正義》。衾謂單，可以亢尸而起也。《釋文》。案：「單」下疑脱「被」字。

陳其簠簋而哀慼之；

簠簋，祭器，受一斗二升。方曰簠，圓曰簋，盛黍稷稻粱器。陳奠素器而不見親，故哀慼也。《北堂書鈔》八十二。《周禮·舍人》疏引「内圓外方，受一斗二升」，《考工記·旅人》疏引「内圓外方者」，《儀禮·少牢饋食禮》疏引「外方曰簋」。明皇注有「簠簋，祭器也。陳奠素器而不見親，故哀慼也」，《正義》不云依鄭注。

擗踊哭泣，哀以送之；

啼號竭情也。《釋文》。

卜其宅兆；

宅，墓穴也。兆，塋域也。葬事大，故卜之。《北堂書鈔》九十二。《正義》有末六字。兆，龜兆。《周禮·小宗伯》疏。

爲之宗廟，以鬼享之；

宗，尊也。廟，貌也。親雖亡殁，事之若生，爲立宮室，四時祭之，若見鬼神之容貌。《詩·清廟》疏。《正義》引舊解：「宗，尊也。廟，貌也。言祭宗廟見先祖之尊貌也。」

春秋祭祀，以時思之。

寒暑變移，益用增感，以時祭祀，展其孝思也。《北堂書鈔》。四時變易，物有成熟，將欲食之，先薦先祖，念之若生，不忘親也。《太平御覽》五百二十五。

生事愛敬，死事哀感，

無遺纖也。《釋文》。

生民之本盡矣，死生之義備矣，孝子之事親終矣。

尋繹天經地義，究竟人情也。行畢，孝成。《釋文》。

孝經鄭偁注

【三國魏】鄭偁 撰
【清】王仁俊 輯

《孝經》鄭氏注，魏鄭偁撰。按梁氏玉繩云：「鄭偁爲魏侍中，有答魏武帝金輅之問，見《續漢·輿服志》注。又《魏志》『延康元年』注引《魏略》言偁篤學大儒，爲武德侯叡傅。叡即魏明帝也。」據此知偁亦專門治經者。而丁氏杰云：「《孝經》鄭注，據此處疏文，非康成亦非小同，當是鄭偁。」孫氏志祖非之曰：「徐彦疏云：『與鄭偁同，與康成異。』則偁與康成爲二家明矣。」孫説是也。浦氏鏜以《公羊疏》鄭偁當孔傳之誤，直臆見耳。今據《公羊疏》輯出，以存侍中之學，猶《周禮》之注有康成又有鄭司農云。

孝經鄭偁注

資于事父以事君，而敬同。

以資爲取，言取事父之道以事君，所以得然者，而敬同故也。

俊按：《公羊·昭公十五年傳》云：「大夫聞君之喪，攝主而往。」何注：「主，謂己主祭者。臣聞君之喪，義不可以不即行，故使兄弟若宗人攝行主事而往。不廢祭者，古禮也。古有分土無分〔一〕民，大夫不世，己父未必爲今君臣也。《孝經》曰：『資于事父以事君，而敬同。』」疏云：「何氏之意，以資爲取，言取事父之道以事君，所以得然者，而敬同故也。以此言之，則何氏解《孝經》與鄭偁同，與康成異矣。云云之説，在《孝經疏》。」

（《玉函山房輯佚書續編·經編孝經類》）

〔一〕「分」字原脱，據《春秋公羊傳注疏》補。

孝經王氏解

【三國魏】王肅 撰
【清】馬國翰 輯

《孝經王氏解》一卷，魏王肅撰。肅於《易》《書》《詩》《春秋左傳》《儀禮》《禮記》皆有注，已各著録。《隋志》載：「《孝經》一卷，王肅解。」《唐志》作：「王肅注一卷。」今佚。從《注疏》《釋文》《史記集解》《通鑑注》輯録二十一節。子雍好攻鄭學，此解不見有駁難之語，蓋唐明皇帝作注時悉汰去之。至其説「孝無終始，而患不及者」，引《蒼頡篇》謂「患爲禍」，與孔、鄭義同，則切理愜心之訓，亦有不能斥改者矣。歷城馬國翰竹吾甫。

孝經王氏解

魏　王肅　撰

第一章

邢昺《正義》：「劉向校經籍，比量二本，除其煩惑，以十八章爲定，而不列名。又有荀昶集其録及諸家疏，並無章名。」

仲尼居。

居，閒居也。陸德明《釋文》。

子曰：先王有至德要道，以順天下。

至德，孝爲德之至也；要道，孝爲道之要也。唐明皇帝《御注》：「孝者，德之至，道之要也。」《正義》曰：「依王肅義。」《釋文》引王肅。

第二章

子曰：愛親者，不敢惡於人；敬親者，不敢慢於人。愛敬盡於事親，而德教加於百姓，刑於四海，蓋天子之孝也。

人子居四海之上，爲教訓之主，爲教易行，故寄易行者宣之。《正義》引王肅、韋昭。

第三章

富貴不離其身〔一〕，然後能保其社稷，而和其民人。

言富貴常在其身，則常爲社稷之主，而人自和平也。唐明皇帝《御注》。《正義》曰：「此依王注釋。」

〔一〕「身」原作「與」，據《孝經》經文改。

第四章

是故非法不言，非道不行。

言必守法，行必遵道。唐明皇帝《御注》。《正義》曰：「此依王義。」

第五章

故母取其愛，而君取其敬，兼之者，父也。

言事父兼愛與敬也。唐明皇帝《御注》。《正義》曰：「此依王注也。」

第六章

孝無終始，而患不及者，未之有也。

《蒼頡篇》謂「患爲禍」。《正義》曰：「孔、鄭、韋、王之學，引之以釋此經。」

第七章

是故先之以博愛，而民莫遺其親。

君愛其親，則人化之，無有遺其親者。唐明皇帝《御注》。《正義》曰：「此依王注。」

第八章

不敢遺小國之臣，而況於公侯伯子男乎？

小國之臣，至卑者耳，王尚接之以禮，況於五等諸侯？是廣敬也。

同上。

第九章

昔者，周公郊祀后稷以配天，

配天於南郊祀之。《史記・封禪書》裴駰集解。

宗祀文王於明堂以配上帝。

上帝，天也。胡三省《通鑑音注》卷三十六。

第十章

居則致其敬。

平居必盡其敬。唐明皇帝《御注》。《正義》曰：「此依王注也。」

第十三章

教以孝，所以敬天下之爲人父者也。教以悌，所以敬天下之爲人兄者也。

舉孝悌以爲教，則天下之爲人子弟者，無不敬其父兄也。

教以臣，所以敬天下之爲人君者也。

舉臣道以爲教，則天下之爲人臣者，無不敬其君也。並同上。

第十四章

居家理，治可移於官。

「居家理」下闕一「故」字。今注疏本有「故」字。《正義》曰：「先儒以爲『居家理』下闕一『故』字，御註加之。」據此，則唐以前本皆無「故」字，並以爲闕可知也。

第十五章

昔者，天子有争臣七人。

《禮記・文王世子記》曰：「虞夏商周，有師、保，有疑、丞，設四輔及三公，不必備，惟其人。」《正義》曰：「按：孔、鄭二注及先儒所傳，並引《禮記・文王世子》以解『七人』之義。」下接「按《文王世子記》曰」云云。

諸侯有争臣五人。

三卿、内史、外史。《正義》引王肅。

大夫有争臣三人。

家相、室老、邑宰。《正義》曰：「大夫三者，孔傳指家相、室老、側室，以充三人之數。王肅無側室而謂邑宰。」

第十六章

子曰：昔者，明王事父孝，故事天明；事母孝，故事地察。

王者，父事天，母事地。唐明皇帝《御注》。《正義》曰：「此依王注義也。」

脩身慎行，恐辱先也。

天子雖無上於天下，猶脩持其身，謹慎其行，恐辱先祖而毁盛業也。

第十七章

將順其美，

將，行也。君有美善，則順行之。

匡救其惡。

匡，正也；救，止也。君有過惡，則正而止之。並同上。

（《玉函山房輯佚書·經編孝經類》）

孝經解讚

【三國吴】韋昭　撰
【清】馬國翰　輯

《孝經解讚》一卷，吴韋昭撰。昭有《毛詩答問》，已著録。此編隋、唐《志》皆以一卷著目，今佚。從《注疏》所引得十節。又，《儀禮經傳通解》引一節，《正義》脱文也，並據輯録。其説「衣美不安」，據《書》「成王崩，康王冕服即位，既事畢，反喪服」；説「食旨不甘」據《曲禮》「喪有疾，飲酒食肉」，訓義切實，與鄭康成箋《詩》相似，至「郊祀后稷以配天」全用鄭義。然則書名《解讚》，或讚鄭解也歟？歷城馬國翰竹吾甫。

孝經解讚

吴 韋昭 撰

第一章

邢昺《正義》曰：「劉向校經籍，比量二本，除其煩惑，以十八章爲定而不列名。又有荀昶集其録及諸家疏，並無章名。」

子曰：夫孝，德之本也，教之所由生也。

言教從此而生。唐明皇帝《御注》。《正義》曰：「此依韋注也。」

第二章

子曰：愛親者，不敢惡於人；敬親者，不敢慢於人。愛敬盡於事親，而德教加於百姓，刑於四海，蓋天子之孝也。

天子居四海之上，爲教訓之主，爲教易行，故寄易行者宣之。《正義》引王肅、韋昭。

第六章

孝無終始，而患不及者，未之有也。

《蒼頡篇》謂「患爲禍」。《正義》曰：「孔、鄭、韋、王之學，引之以釋此經。」

第九章

昔者，周公郊祀后稷以配天。

東方青帝靈威仰，周爲木德，威仰木帝，以后稷配蒼龍精也。朱子《儀禮經傳通解》引鄭玄以《祭法》有「周人禘嚳」之文，遂變郊爲感生之帝，謂東方青帝云云。韋昭所著亦符此說。〔一〕據補。

第十二章

移風易俗，莫善於樂。

人之性繫於大人，大人風聲，故謂之風；隨其趨舍之情，故謂之俗。《正義》引韋昭。

第十四章

居家理，治可移於官。

〔一〕按：此文未見於朱熹《儀禮經傳通解》，見於黃榦《儀禮經傳通解續》。

「居家理」下闕一「故」字。今注疏本有「故」字。《正義》曰：「先儒以爲『居家理』下闕一『故』字，御註加之。」據此，則唐以前本皆無「故」字，並以爲有闕也。

第十五章

昔者，天子有争臣七人。

《禮記・文王世子記》曰：「虞夏商周，有師、保，有疑、丞，設四輔及三公，不必備，惟其人。」《正義》曰：「按：孔、鄭二注及先儒所傳，並引《禮記・文王世子》以解『七人』之義。」下接「按《文王世子記》曰」云云。

第十七章

進思盡忠，

進見於君，則思盡忠節。唐明皇帝《御注》。《正義》曰：「此依韋注也。」

退思補過。

退居私室，則思補其身過。《正義》引韋昭。

第十八章

服美不安，

《書》云：「成王既崩，康王冕服即位，既事畢，反喪服。」據此，則天子諸侯，但位定初喪，是皆服美，故宜不安也。《正義》引韋昭。

食旨不甘。

《曲禮》云：「有疾則飲酒食肉，是爲食旨。」故宜不甘也。同上。

（《玉函山房輯佚書·經編孝經類》）

孝經殷氏注

【東晉】殷仲文 撰
【清】馬國翰 輯

《孝經殷氏注》一卷，晉殷仲文撰。《晉書》有仲文傳，不載其字里。《文選注》引檀道鸞《晉陽秋》云：「仲文字仲文，陳郡人。」官至東陽太守。其事蹟則本傳詳載。所注《孝經》一卷，《隋志》云：「梁有。」又云：「亡。」《唐志》復著其目，今佚。唯邢昺《正義》引三節，其以「表德之字」説仲尼，與「不孝之罪，在三千條外」説五刑之屬節，《正義》皆不取。而其説「至德要道」云：「窮理之至，以一管衆爲要。」粹然理語，《周子通書·聖學篇》所謂「一爲要」者，實探源於此，顧世無稱述，得毋以桓玄戚黨惡其人，而並棄其言耶？歷城馬國翰竹吾甫。

孝經殷氏注

晋 殷仲文 撰

第一章

邢昺《正義》曰：「案：《孝經》遭秦坑焚之後，爲河間顔芝所藏，初除挾書之律，芝子貞始出之。長孫氏及江翁、后蒼、翼奉、張禹等所説皆十八章。及魯恭王壞孔子宅，得古文二十二章，孔安國作傳。劉向校經籍，比量二本，除其煩惑，以十八章爲定而不列名。又有荀昶集其録及諸家疏，並無章名。」

仲尼居，曾子侍。

夫子深敬孝道，故稱表德之字。邢昺《正義》。

子曰：「先王有至德要道，以順天下，民用和睦，上下無怨。汝知之乎？」

窮理之至，以一管衆爲要。《正義》。

第十一章

子曰：五刑之屬三千，而罪莫大於不孝。

不孝之罪，聖人惡之，在三千條外。《正義》引舊説及謝安、袁宏、王獻之、殷仲文等。

第十四章

居家理，治可移於官。

「居家理」下闕一「故」字。今注疏本有「故」字。《正義》曰：「先儒以爲『居家理』下闕一『故』字，御注加之。」據此，則唐以前本並以爲闕。

（《玉函山房輯佚書・經編孝經類》）

集解孝經

【東晉】謝萬 撰
【清】馬國翰 輯

《集解孝經》一卷，晉謝萬撰。萬字萬石，陳國陽夏人，安之弟，官至散騎常侍，事蹟見《晉書》本傳。《隋志》載其《集解孝經》一卷，《唐志》作「謝萬注」，卷同。今佚。從邢昺《正義》輯録四節。又得謝安説「五刑之屬」一節。隋唐《志》並不著安注《孝經》之目，與萬是一家學，亦併附録。史載萬與蔡系争言，至落牀壞面。又言受任北征，矜豪傲物。則其人亦任誕之流，殊無足取。然書以「集解」名，寥落佚文，古説存焉矣。歷城馬國翰竹吾甫。

集解孝經

晉 謝萬 撰

第六章 邢昺《正義》曰：「案：《孝經》遭秦坑焚之後，爲河間顔芝所藏，初除挾書之律，芝子貞始出之。長孫氏及江翁、后蒼、翼奉、張禹等所説皆十八章。及魯恭王壞孔子宅，得古文二十二章，孔安國作傳。劉向校經籍，比量二本，除其煩惑，以十八章爲定而不列名。又有荀昶集其録及諸家疏，並無章名。」

故自天子至於庶人，孝無終始，而患不及者，未之有也。

無終始，恒患不及；未之有者，少賤之辭也。邢昺《正義》引謝萬。言爲人無終始者，謂孝行有終始也。患不及者，謂用心憂不足也。能行如此之善，曾子所以稱難。故鄭注云：「善未有也。」《正義》引謝萬云。云：「謫詳此義，將謂不然。

何者？孔聖垂文，包於上下，盡力隨分，寧限高卑？則因心而行，無不及也。如依謝萬之説，此則常情所昧矣。子夏曰：『有始有卒者，其惟聖人乎？』若施化惟待聖人，千載方期一遇，『加於百姓，刑於四海』，乃爲虚説者與？」

第十四章

居家理，治可移於官。

「居家理」下闕一「故」字。今注疏本「理」下有「故」字。《正義》曰：「先儒以爲『居家理』下闕一『故』字，御註加之。」據此，則唐以前本皆無「故」字，並以爲闕也。

第十五章

昔者，天子有争臣七人。

《禮記·文王世子記》曰：「虞夏商周，有師、保，有疑、丞，設四輔及三公，不必備，惟其人。」

《正義》曰：「按：孔、鄭二注及先儒所傳，並引《禮記·文王世子》以解『七人』之義。」下接「按《文王世子記》曰」云云。

附録

第十一章

子曰：五刑之屬三千，而罪莫大於不孝。

不孝之罪，聖人惡之，在三千條外。《正義》引舊注及謝安、袁宏、王獻之、殷仲文等。

（《玉函山房輯佚書·經編孝經類》）

齊永明諸王孝經講義

【清】馬國翰 輯

《齊永明諸王孝經講義》一卷，撰人缺。《隋志》載：「齊永明三年東宫講，永明中諸王講，及賀瑒講、議《孝經義疏》各一卷。」並云「梁有」，又云「亡」。《唐志》不著目，佚已久。攷《南齊書·文惠太子傳》：「永明三年，於崇正殿講《孝經》，少傅王儉以擿句令太子〔一〕僕周顒撰爲義疏。五年冬，太子臨國學，親臨策試諸生。」下載太子問王儉、張緒及竟陵王子良、臨川王暎問答，凡十四節。《傳》言「永明五年」，與《隋志》所稱「永明中諸王講」正合，兹據輯補。太子以長年臨學，與諸王一堂諮論，皆前代所未有，録列一家，東宫講義大旨亦於此見其略云。歷城馬國翰竹吾甫。

〔一〕「子」字原脱，據《南齊書》補。

齊永明諸王孝經講義

永明三年，於崇正殿講《孝經》，少傅王儉以擿句令周顒撰爲義疏。五年冬，太子臨國學，親臨策試諸生，於坐問少傅王儉曰：「《曲禮》云『無不敬』。尋下之奉上，可以盡禮；上之接下，慈而非敬。今總同名，將不爲昧？」《南齊書・文惠太子傳》。

儉曰：「鄭玄云『禮主於敬』，便當是尊卑所同。」同上。

太子曰：「若如來通，則忠惠可以一名，孝慈不須别稱。」

儉曰：「尊卑號稱，不可悉同。愛敬之名，有時相次。忠惠之異，誠以聖旨；孝慈互舉，竊有徵據。《禮》云『不勝喪比於不慈不孝』，此則其義。」

太子曰：「資敬奉君，資愛事親，兼此二塗，唯在一極。今乃移敬接下，豈復在三之義？」

儉曰：「資敬奉君，必同至極；移敬逮下，不慢而已。」

太子曰：「敬名雖同，淺深既異，而文無差別，彌復增疑。」

儉曰：「繁文不可備設，略言深淺已見。《傳》云：『不忘恭敬，民之主也。』《書》云：『奉先思孝，接下思恭。』此又經典明文，互相起發。」

太子問金紫光禄大夫張緒。

緒曰：「愚謂恭敬是立身之本，尊卑所以並同。」

太子曰：「敬雖立身之本，要非接下之稱。《尚書》云『惠鮮鰥寡』，何不言『恭敬鰥寡』邪？」

緒曰：「今別言之，居然有恭惠之殊；總開記首，所以共斯稱。」

竟陵王子良曰：「禮者敬而已矣。自上及下，愚謂非嫌。」

太子曰：「本不謂有嫌，正欲使言與事符，輕重有別耳。」

臨川王暎曰：「先舉必敬，以明大體，尊卑事數，備列後章，亦當不以總略而礙。」

太子又以此義問諸學生。

謝幾卿等十一人並以筆對。

太子問王儉曰：「《周易·乾卦》本施天位，而《説卦》云『帝出乎震』。震本非天，義豈相當？」

儉曰：「乾健震動，天以運動爲德，故言『帝出震』。」

太子曰：「天以運動爲德，君自體天居位，震雷爲象，豈體天所出？」

儉曰：「主器者莫若長子，故受之以震；萬物出乎震，故亦帝所與焉。」

儉又諮太子曰：「《孝經》：『仲尼居，曾子侍。』夫孝理弘深，大賢方盡其致，何故不授顔子，而寄曾生？」

太子曰：「曾生雖德慙體二，而色養盡禮，去物尚近，接引非隔，宏宣規教，義在於此。」

儉曰：「接引非隔，宏宣雖易，去聖轉遠，其事彌輕。既云『人能宏道』，將恐人輕道廢。」

太子曰：「理既有在，不容以人廢言，而況中賢之才，宏上聖之教，寧有壅塞之嫌？」

臨川王暎諮曰：「孝爲德本，常是所疑，德施萬善，孝由天性，自然之理，豈因積習？」

太子曰：「不因積習而至，所以可爲德本。」

暎曰：「率由斯至，不俟明德，大孝榮親，衆德光備，以此而言，豈得爲本？」

太子曰：「孝有深淺，德有大小，因其分而爲本，何所稍疑。」並同上。

（《玉函山房輯佚書·經編孝經類》）

孝經劉氏説

【北齊】劉 瓛 撰
【清】馬國翰 撰

《孝經劉氏説》一卷，齊劉瓛撰。瓛有《周易乾坤義》《毛詩序義》，已各著録。其説《孝經》，隋、唐《志》皆不載，邢昺《正義序》稱之。〔一〕卷數未詳，今佚。即從《正義》所引輯得五節。説「仲尼居」，述張禹中和之義，《正義》所不取。説「孝無終而患不及者」，以謝萬「少賤之辭」爲失，《正義》從其解。要其全書固醇疵互見者也。歷城馬國翰竹吾甫。

〔一〕按：邢昺《孝經正義序》未及劉瓛此書，《正義》引其説。

孝經劉氏説

齊　劉瓛　撰

第一章

仲尼居。

張禹之義，以爲仲者，中也，尼者，和也。言孔子有中和之德，故曰仲尼。

邢昺《正義》。

第二章

蓋天子之孝也。

蓋者，不終盡之辭，明孝道之廣，此略言之也。

第五章

故母取其愛，而君取其敬，兼之者，父也。

父情天屬，尊無所屈，故愛敬雙極也。

第六章

故自天子至於庶人，孝無終始，而患不及者，未之有也。

謝萬以爲「無終始」，恒患不及；「未之有」者，少賤之辭也。「禮不下庶人」，若言我賤而患孝行不及者，未之有也」，此但憂不及之理，而失於歎少賤之辭也。

第十五章

若夫慈愛恭敬，安親揚名。

夫，猶凡也。並同上。

（《玉函山房輯佚書·經編孝經類》）

孝經義疏

【南朝梁】蕭衍 撰
【清】馬國翰 撰

《孝經義疏》一卷，梁武皇帝撰。帝有《周易講疏》《樂社大義》《鐘律緯》，已各著録。《梁書·武帝紀》：「大同四年三月，侍中、領國子博士蕭子顯上表置制旨《孝經》助教一人，生十人，專通高祖所釋《孝經義》。」隋、唐《志》並載「《義疏》十八卷」，今佚。邢昺《正義》引三節，又從《武帝集》得説明堂一節，合輯爲帙。其訓仲尼云「丘爲聚，尼爲和」説太迂曲，宜爲邢氏所不取。其説《天子》《士》二章之義，辨化辨情，固自入理也。歷城馬國翰竹吾甫。

孝經義疏

梁 武皇帝 撰

開宗明義章第一

仲尼居，曾子侍。

丘爲聚，尼爲和。邢昺《正義》。

天子章第二

子曰：愛親者，不敢惡於人；敬親者，不敢慢於人。愛敬盡於事親，而德教加於百姓，刑於四海，蓋天子之孝也。

問曰：「天子以愛敬爲孝，及庶人以躬耕爲孝，五者並相通否？」梁王答云：「天子既極愛敬，必須五等行之，然後乃成。庶人雖在躬耕，豈不愛敬，及不驕、不溢已下事邪？」「以此言之，五等之孝，互相通也。然諸侯言保社稷，大夫言守宗廟，士言保其禄位而守其祭祀，以則言之，天子當云保其天下，庶人當言保其田農。此畧之不言，何也？」「《左傳》曰：『天子守在四夷。』故『愛敬盡於事親』之下，而言『德教加于百姓，刑于四海』。保守之理已定，不煩更言保也。庶人因天之道，分地之利，謹身節用，保守田農，不離於此。既無守任，不假言保守也。」同上。

士章第五

資於事父以事母，而愛同；資於事父以事君，而敬同。故母取其愛，而君取其敬，兼之者，父也。故以孝事君則忠，以敬事長則順。忠順不失，以事其上，然後能保其禄位，而守其祭祀，蓋士之孝也。《詩》云：「夙興夜寐，無忝爾所生。」

《天子章》陳愛敬以辨化也。此章陳愛敬以辨情也。同上。

聖治章第九

宗祀文王於明堂以配上帝。

明堂，准《大戴禮》：「九室八牖三十六户，以茅蓋屋，上圓下方。」郑玄據《援神契》亦云：「上圓下方。」又云：「八窗四達。」明堂之義，本是祭五帝神，九室之數，未見其理。若五堂而言，雖當五帝之數，向南則背叶光紀，向北則背赤熛怒，東向西向，又亦如此，於事殊未可安。且明堂之祭五帝，則是總義；在郊之祀五帝，則是别義。宗祀所配，復應有室。若專配一室，則是義非配五。若皆配五，則便成五位。以理而言，明堂本無有室。朱异以《月令》天子居明堂左右个，聽朔既在明堂，今若無室，則於義成闕。制曰：「若如鄭玄之義，聽朔必在明堂，於此則人神混淆，莊敬之道有廢。《春秋》云：『介居二大國之間。』此言『明堂左右个』者，謂所祀五帝堂之南又有小室，亦號明堂，分爲三處聽朔。既三處，則有左右之義。在營域之內，明堂之外，則有个名，故曰『明堂左右个』也。以此而言，聽朔之處，自在五帝堂之外，人神有別，差無相干。」《梁武帝集》。

（《玉函山房輯佚書·經編孝經類》）

孝經嚴氏注

【南朝梁】嚴植之 撰
【清】馬國翰 輯

《孝經嚴氏注》一卷。梁嚴植之，字孝源，秭歸人，官至中撫記室參軍，兼博士。事蹟具《南史·儒林傳》。《隋志》有「梁五經博士嚴植之《孝經注》一卷，亡」，《唐志》不著録，佚已久。邢昺《正義》引三節，又引先儒之説二條，則嚴亦在内，合輯録之。史稱植之習鄭氏《禮》，則注《孝經》亦必以康成爲宗。史稱：「館在潮溝，生徒常百數。講説有區段次第，析理分明。每登講，五館生畢至，聽者千餘人。」則於經實有所會，惜訓教散失，其詳不可得聞矣。歷城馬國翰竹吾甫。

孝經嚴氏注

梁　嚴植之　撰

士章第五

故以孝事君則忠。

上云君父敬同，則忠孝不得有異，言以至孝之心事君，必忠也。邢昺《正義》引嚴植之。

庶人章第六

用天之道，分地之利，謹身節用，以養父母，此庶人之孝也。

士有員位，人無限極，故士以下皆爲庶人。同上。

廣揚名章第十四

居家理，治可移於官。

「居家理」下闕一「故」字。今注疏本有「故」字。《正義》曰：「先儒以爲『居家理』下闕一『故』字，御註加之。」據此，則唐以前本皆無「故」字，並以爲闕也。

諫諍章第十五

昔者，天子有争臣七人。

《禮記·文王世子記》曰：「虞夏商周，有師、保，有疑、丞，設四輔及三公，不必備，惟其人。」《正義》曰：「按：孔、鄭二注及先儒所傳，並引《禮記·文王世子》以解『七人』之義。」下接「按《文王世子記》曰」云云。

喪親章第十八

食旨不甘。

美食，人之所甘。孝子不以爲甘，故《問喪》云：「口不甘味。」《正義》引嚴植之。

（《玉函山房輯佚書·經編孝經類》）

孝經皇氏義疏

【南朝梁】皇侃撰
【清】馬國翰輯

《孝經皇氏義疏》一卷，梁皇侃撰。侃有《禮記義疏》，已著録。其疏《孝經》，隋、唐《志》並三卷，今佚。從邢昺《正義》輯録一十八節。孫奭《序》譏其義疏辭多紕繆，理昧精研。然就邢氏所引，固皆摭拾菁華矣。歷城馬國翰竹吾甫。

孝經皇氏義疏

梁　皇侃　撰

孝經

經者，常也，法也。此經爲教，任重道遠，雖復時移代革，金石可消，而爲孝事親常行，存世不滅，是其常也；爲百代規模，人生所資，是其法也。言孝之爲教，使可常而法之。《易》有《上經》《下經》，老子有《道德經》。孝爲百行之本，故名曰《孝經》。邢昺《正義》。

開宗明義章第一

《開宗》及《紀孝行》《喪親》等三章，通於貴賤。《正義》。

立身行道，揚名於後世，以顯父母，孝之終也。

若生能行孝，没而揚名，則身有德譽，乃能光榮其父母也。《祭義》曰：「孝也者，國人稱願然，曰：『幸哉！有子如此』。」《哀公問》稱孔子對曰：「君子也者，人之成名也。百姓歸之名，謂之君子之子，是使其親爲君子也。」此則揚名榮親也。同上。

天子章第二

子曰：愛親者，不敢惡於人；敬親者，不敢慢於人。愛敬盡於事親，而德教加於百姓，刑於四海，蓋天子之孝也。《甫刑》云：「一人有慶，兆民賴之。」

上陳天子極尊，下列庶人極卑，尊卑既異，恐嫌爲孝之理有別，故以一「子曰」通冠五章，明尊卑貴賤有殊，而奉親之道無二。正義。

愛敬各有心迹。蒸蒸至惜，是爲愛心。温凊搔摩，是爲愛跡。肅肅悚悚，是爲敬心。拜伏擎跪，是爲敬跡。同上。

蓋者，略陳此，未能究竟。同上。

諸侯章第三

在上不驕，高而不危；制節謹度，滿而不溢。高而不危，所以長守貴也。滿而不溢，所以長守富也。富貴不離其身，然後能保其社稷，而和其民人，蓋諸侯之孝也。《詩》云：「戰戰兢兢，如臨深淵，如履薄冰。」

制節謹度，謂宫室車旗之類，皆不奢僭也。在上不驕以戒貴，應云溢財不奢以戒富。若云制節謹度以戒富，亦應云制節謹身以戒貴。此不例者，互其文也。《正義》。

稷，五穀之長，亦爲土神。民是廣及無知，人是稍識仁義，即府史之徒。故言「民人」，言遠近皆和悅也。同上。

卿大夫章第四

非先王之法服不敢服，非先王之法言不敢道，非先王之德行不敢行。是故非法不言，非道不行。口無擇言，身無擇行，言滿天下無口過，行滿天下無怨惡。三者備矣，然後能守其宗廟，蓋卿大夫之孝也。《詩》云：「夙夜匪懈，以事一人。」

初陳教本，故舉三事。服在身外可見，不假多戒。言行出於內府難明，必須備言。最於後結，宜應總言。謂人相見，先觀容飾，次交言辭，後謂德行。故言三者以服爲先，德行爲後也。《正義》。

士章第五

資於事父以事母，而愛同；資於事父以事君，而敬同。故母取其愛，而君取其敬，兼之者，父也。故以孝事君則忠，以敬事長則順。忠順不失，然後能保其禄位，而守其祭祀，蓋士之孝也。

稱保者，安鎮也；守者，無逸也。社稷禄位是公，故言保；宗廟祭祀是私，故言守也。士初得禄位，故兩言之也。《正義》。

庶人章第六

自天子至於庶人，孝無終始，而患不及者，未之有也。

無始有終，謂改悟之善惡，禍何必及之。《正義》。

三才章第七

《詩》云：「赫赫師尹，民具爾瞻。」

無先王在上之詩，故斷章引太師之什。《正義》。

孝治章第八

故得萬國之懽心，以事其先王。

《春秋》稱「禹會諸侯於塗山，執玉帛者萬國」，言禹要服之内，地方七千里，而置九州；九州之中，有方百里、七十里、五十里之國，計有萬國也。《王制》：「殷之諸侯有千七百七十三國也。」《孝經》稱周諸侯有九千八百國，所以證萬國爲夏法也。《正義》。

是以天下和平，災害不生。

天反時爲災，謂風雨不節；地反物爲妖，妖即害物，謂水旱傷禾稼也。善則逢殃爲禍，臣下反逆爲亂也。同上。

廣至德章第十三

非至德，其孰能順民如此其大者乎！

并結《要道》《至德》兩章。《正義》。

諫諍章第十五

曾子曰：若夫慈愛恭敬，安親揚名，則聞命矣。

上陳愛敬，則包於慈恭矣。慈者孜孜，愛者念惜，恭者貌多心少，敬者心多貌少。《正義》。

昔者，天子有爭臣七人，雖無道，不失天下。

夫子述《孝經》之時，當周亂衰之代，無此諫争之臣，故言「昔者」也。不言「先王」而言「天子」者，諸稱「先王」，皆指聖德之主；此言「無道」，所以不稱「先王」也。同上。

感應章第十六

《詩》云：「自西自東，自南自北，無思不服。」

先言西者，此是周施德化從西起，所以文王爲西伯，又爲西鄰。《正義》。

喪親章第十八

爲之棺槨、衣衾而舉之。

據《檀弓》，天子棺四重，謂水兕革棺、杝棺一〔一〕。最在内者水牛皮，次外兕牛皮，各厚三寸爲一重，合厚六寸。又有杝棺，厚四寸，謂之椑棺，言漆之椑椑然。前三物爲二重，合一尺。外又有梓棺，厚六寸，謂之屬棺，言連屬内外。就前四物爲三重，合厚一尺六寸。外又有梓棺，厚八寸，謂之大棺，言其最大，在衆棺之外。就前五物爲四重，合厚二尺四寸也。上公去水牛皮，則三重，合

〔一〕「一」原作「二」，據《孝經注疏》改。

厚二尺一寸也。侯、伯、子、男又去兕牛皮，則二〔一〕重，合厚一尺八寸。上大夫又去椑棺，一重，合厚一尺四寸。下大夫亦一重，但屬四寸，大棺六寸，合厚一尺。士不重，無屬，唯大棺六寸。庶人即棺四寸。《正義》。

（《玉函山房輯佚書·經編孝經類》）

〔一〕「二」原作「三」，據《孝經注疏》改。

孝經訓注

【隋】魏真己 撰
【清】馬國翰 輯

《孝經訓注》一卷，隋魏真己撰。邢昺《孝經序疏》以真己鉅鹿人，作《孝經訓注》。《唐志》有魏克己《注孝經》一卷，列在賈公彦下，蓋本一人，或書名、書字異耳。其注今佚。唐明皇帝《御注》用其義凡十二節，《正義》皆標明「魏注」，兹據輯録。外有《庶人章》注「分别五土，視其高下」，閩本、監本、毛本《正義》並云「依鄭注」，宋本作「魏注」。考《唐會要》，司馬貞《議》取此二語爲鄭注，與孔安國《傳》所謂「脱衣就功」云云較其優劣，則爲鄭注明矣。故雖出宋本，不敢從之。王應麟云：「明皇《序》謂：韋昭、王肅，先儒之領袖，虞翻、劉劭抑又次焉，劉炫明安國之本，陸澄譏康成之注。」又謂：「特舉六家之異同。」六家者，韋昭、王肅、虞翻、劉劭及孔、鄭也。王應麟云：「今攷《經典序録》，有孔、鄭、王、劉、韋五家而無虞翻。」以此獻疑。然細檢《注疏》,亦無依虞注、依劉注之文,而依用魏注,復出六家之外，此又未知何故。意魏氏《訓注》或本仲翔、孔才以立説歟？歷城馬國翰竹吾甫。

孝經訓注

隋 魏真己 撰

天子章第二

子曰：愛親者，不敢惡於人；

博愛也。唐明皇帝《御注》。邢昺《正義》曰：「此依魏注也。」

敬親者，不敢慢於人。

廣敬也。

庶人章第六

用天之道，分地之利，謹身節用，以養父母，此庶人之孝也。

庶人爲孝，唯此而已。

三才章第七

先之以敬讓，而民不争；

君行敬讓，則人化而不争。

導之以禮樂，而民和睦。

禮以檢其跡，樂以正其心，則和睦矣。

孝治章第八

故得萬國之懽心，以事其先王。

萬國，舉其多也。言行孝道以理天下，皆得懽心，則各以其職來助祭也。

治國者，不敢侮於鰥寡，而況於士民乎？

理國，謂諸侯也。鰥寡，國之微者，君尚不敢輕侮，況知禮〔一〕義之士乎？

聖治章第九

不在於善，而皆在於凶德。雖得之，君子不貴也。

言悖其德禮，雖得志於人上，君子之不貴也。

君子則不然。

不悖德禮也。

〔一〕「禮」字原脱，據《孝經注疏》補。

紀孝行章第十

養則致其樂。

就養能致其懽。

在醜不争。

醜，衆也。争，競也。當和順以從衆也。

廣要道章第十二

安上治民，莫善於禮。

禮所以正君臣、父子之别，明男女、長幼之序，故可以安上化下也。並同上。

（《玉函山房輯佚書·經編孝經類》）

孝經述議

【隋】劉炫 撰

孝經述議

孝經述議序

蓋玄黃肇判，人物伊始。父子之道既形，慈愛之情自篤。雖立德揚名，不逮中葉，而生愛死慼，已萌〔一〕前古。洎〔二〕乎駕龍乘土，法令漸章，遷夏宅殷，損益方極。莫不資父事君，因嚴教敬。移治家之志以揚於王庭，推子諒之心以被於天下。發于朝廷，施于州里，循于軍旅，達于塗巷，曷嘗非慈仁之教、孝弟之風哉！徒以太史、馬頰，俱汎積石之流；羅紈綺組，無復素絲之質。皇道帝

〔一〕「萌」原作「萠」，當形訛，今改。

〔二〕「洎」原作「泪」，據林秀一《孝經述議校勘記》（以下簡稱「林校」）改。

德，因事立功；千品萬官，隨時作則。揖讓周旋之儀，去禮已遠；洒掃應對之節，離本更遥。泳其末〔一〕而不踐其源，股其道而未臻其極。百行孝爲本也，孝跡弗彰；六經孝之流也，孝理更翳。五品不遜，尤虧大典；萬物不睹，實啓聖心。加以周道既衰，彝倫攸斁，王〔二〕澤不下於民，群生莫知所仰。覆宗害父，竊國犯君，亂逆無紀，名教將絶。夫子乃假稱教授，制作《孝經》，論治世之大方，述先王之要训。其意蓋將匡頽運而追逸軌也，抑亦所以佇興王而示高跡也。孔子卒而大義乖，秦政起而群言喪。漢□〔三〕龍興，方乘購採。簡有挩遺，字多摩滅。五〔四〕經沉於閭里，俗説顯於學官。聞疑傳疑，得末行末。肇自許洛，訖于魏齊，各騁胷臆，競操刀斧。瑮言雜議，殆且百家；專門命氏，猶將十

〔一〕「末」原作「未」，據林校改。
〔二〕「王」原作「玉」，據林校改。
〔三〕「漢」下殘一字，或爲「室」字。
〔四〕「五」原作「王」，據林校改。

室。王肅、韋昭，差爲佼佼；劉邵、虞翻，抑又其次。俗稱鄭氏，穢累尤多。譬彼四族，誣碎更甚。此諸家者，雖道有昇降，勢或盛衰，俱得藏諸秘府，行於世俗。安国之傳，蔑爾無聞，以迄于今，莫遵其學。陸績引其言，而不纂其業；荀昶得其本，而不覺其精。

炫與冀州秀才劉焯，俯挹波瀾，追慕風彩，渴仰丕積，多歷歲年。大隋之十有〔一〕載，著作郎王邵始得其書，遠遣垂示。似火自上，如石投水。散袞披文，驚心動魄。遂與焯考正訛謬，敷训門徒。鑿垣墉以開户牖，排榛藪以通軌躅。大河之北，頗已流行；於彼殊方，仍未宣布。終宴不疲，實惟我特；望屠而嚼，非無他士耶！聊復採經摭傳，断長補短，納諸規矩，使就繩墨。經則自陳管見，追述孔旨；傳則先本孔心，却申鄙意。前代注説，近世解講，殘縑折

〔一〕「有」下疑有脱文。

簡，盈箱累篋〔一〕。義有可取，則擇善而從；語足惑人，則略糺其謬。孔傳之訛舛者，更無孔本，莫與比校，作《孝經稽疑》。鄭氏之蕪穢者，實非鄭注，發其虚誕，作《孝經去惑》。其引書止取要證，或略彼文；其国諱謹别格，各存本字。庶遺彼後生，傳諸私族。其訊予不顧，亦未如之何已矣！

問者曰：孔注《尚書》，文辭至簡，及其傳此，繁夥已極。理有溢於經外，言或出於意表。比諸《尚書》，殊非其類。且歷代湮沉，於今始出，世之學者，咸用致疑。吾子暴露諸家，獨遵孔氏必爲真，請聞其要。答曰：《尚書》帝典臣謨，相對之談耳；训誥誓命，教戒之言耳。其文直，其義顯，其用近，其功約。徒以文質殊方，謨雅誥悉，古今異辭，俗易語反。振其緒而深旨已見，詁其字而大義自通。理既達文，言足垂後。豈徒措辭尚簡，蓋亦求煩不獲。《孝經》言高趣遠，文麗旨深，舉治亂之大綱，辨天人之弘致。大則法天因地，祀帝

〔一〕程蘇東《京都大學藏劉炫〈孝經述議〉殘卷録文校補》（以下簡稱「程《校補》」）云：「篋」當爲「篋」之訛。

享祖，道洽萬国之心，澤周四海之内，乃使天地昭察，鬼神効靈，灾害不生，禍亂不作，明王以之治定，聖德之所不加。小則就利因時，謹身節用，施政閨門之内，流恩徒役之下，乃使室家理治，長幼順序。居上不驕，爲下不亂，臣子盡其忠敬，僕妾竭其懽〔一〕心。其所施者，牢籠宇宙之器也；其所述者，闡揚性命之談也。辭則闔閾易路，而閨閤尤深；義則階阰可登，而户牖方密。爲傳者將以上演沖趣，下寤庸神，昞曒光於戴盆，飛泥蟠于天路。不得不博文以該之，緩旨以喻之。孔氏參訂時驗，割析毫釐，文武交暢，德刑備舉。乃至管、晏雄霸之略，荀、孟儒雅之風，孫、吴權譎之方，申、韓督責之術，苟其萌動經意，源發聖心，莫不脩其根本，導其流末，探頤索隱，鑽幽洞微，窮道德之玄宗，盡注述之高致。猶尚藏於私室，蠹於枯簡，歷且千載，莫之或傳。假使表之以高

〔一〕「懽」原作「攉」，據林校改。

的，嗚之以建鼓，聞之者掩耳而走，見之者閉眼而逝。若使提綱〔一〕舉目，簡言達旨，理寡義貧，辭多語紛〔二〕，則將覆瓿之不暇，何弘道之可希？孔子之贊《易》也，《文言》多而《彖》《象》少；丘明之爲《傳》也，襄、昭煩而莊、閔略。聖賢有作，辭無定準；《書》《孝》之異，復何所嫌？其辭宏贍，理致淵弘，言出繫表，義流旨外者，總逸定於中逵，控奔流於巨壑。或當馳騁踰埒，濤波溢坎耳。亦無駢拇枝指、附贅懸肬之累在其間也。

吾以幼少，佩服此經，凡是先儒備經討閱，未有殊尤絶跡，狀華出群，可以鼓玄澤於上庠，騰芳風於来裔者也。悉皆辭鄙理僻，説迂義誕，格言淪於腐儒，妙旨翳於庸訥。或乃方於小學，廢其師受，論道不以充經，選士〔三〕不以應課。棄諸草野，同之傳記，顧彼未議，實懷深憤。而天未喪斯，秘寶重出，大典

〔一〕「綱」原作「網」，據林校改。
〔二〕程《校補》：「辭多語紛」，當作「辭少語約」。
〔三〕「士」原作「土」，據林校改。

昭晰，精義者明。斯乃冥靈應感之符，聖道緝熙之運。仰飲惠澤，退惟私幸。既逢此世，復覿斯文。羨彼康衢，忘茲駑蹇。思得撤雲霧以廓昭臨，鑿龍門以寫填閼。故拾其滯遺，補其弊漏，傅其羽翼，除其疥癬。續日月之末光，裨河海之餘潤。冀乎貽訓後昆，增暉前緒；何事强詭俗儒，妄假先達！且君子所貴乎道者，貴其理義可尚，非貴姓名而已。以此孔傳，校彼諸家，味其深淺，詳其得失。三光九泉，未足喻其高下；嵩岳培塿，無以方其小大。側視厚薄，不覺其倍；更問真僞，欲何所明。嗟乎！伯牙絶絃于鍾期，卞和泣血于荊璞，良有以也。

孝經述議卷第一　序題

河間　劉炫　撰

古文孝經序

議曰：序、敘字雖異，音義同。《爾雅·釋詁》云：「敘，緒也。」孫炎云：「謂端緒也。」然則居傳之端，敘述其事，故以序爲名焉。孔氏既爲作傳，故序其作意。此序之文，凡有十段明義：

自「孝經者」盡「經常也」，解《孝經》之名也。

自「有天地」盡「斯道滅息」，言孝之興替〔一〕，在君之善惡也。

自「當吾先君」盡「並行於世」，言孔子作《孝經》之由也。

〔一〕「替」原作「贊」，據林校改。

自「逮乎六國」盡「絶而不傳」，言廢之所由也。

自「至漢興」盡「頗以教授」，言河間所得猶非正真也。

自「後魯恭王」盡「出於孔氏」，言其得古文之由也。

自「而今文」盡「誣亦甚矣」，言習非已久，迷〔一〕惘正經也。

自「吾愍其如此」盡「正義之有在也」，言己爲傳之意。

自「今中秘書」盡「今文孝經」，言在朝真雖見重，民間爲〔二〕猶未息也。

自「昔吾逮從伏生」以下，言俗有謬説，己須改張之意也。

孔安國

議曰：案《孔子家語》及《史記·孔子世家》《漢書·孔光傳》皆云，孔子生伯魚鯉，鯉生子思伋，伋生子上白，白生子家求，求生子魚箕，箕生子高穿，穿

〔一〕「迷」原作「遠」，據林校改。
〔二〕程《校補》云：「爲」疑當作「僞」，與前句之「真」對文。

生子慎〔一〕爲魏相，慎生鮒及子襄，襄生忠，忠生武及安國，是孔子十一世之世孫也。《尚書序》下無此三字，此蓋後人所題，未必孔自爲之。

《孝經》者何？

議曰：「孝經」二字，此書總目，將辨其名義，故问而釋之。孝者，事親之名；經者，爲書之號。此是事親之書、論孝之經。序則探解其意。「孝者，人之高行」，言爲孝是行之高者也。「經，常也」，言此書可後代常行。説高行而爲常書，故以「孝經」爲目。

《釋訓〔二〕》云：「善父母爲孝。」則孝者事父母之名也。民之厥初，本於父母，全而生之，養以成之，其身體髮膚、視聽氣息，資衣食之用、保性命之壽，乃至參人倫、處富貴，榮華顯於當世，令聞〔三〕彰于後昆，曷嘗非父母之德、生育之

〔一〕「慎」原作「楨」，下「慎」字同，據林校改。
〔二〕「訓」原作「詁」，據林校改。
〔三〕「聞」原作「問」，據程《校補》改。

功哉？父母之於身也，親莫近焉，尊莫大焉。凡行者發心動身，自己而及物，莫不從近至遠，緣尊逮卑。苟其於近不悦，遠豈懷乎？尊苟惰，卑豈勤乎？尊爲卑之宗，近爲遠本。孝行施於尊近，是行之最高，故爲人之高行也。此解孝實而不解《孝經》名。

《禮記·祭統》曰：「孝者，畜也。」《孝經鉤命決》云：「孝，畜也；畜，養也。」原夫畜者，養之别名耳。於養之间，非無等級。有敬而養之，君父是也；有愛而養之，民子是也；有利而養之，鳥獸是也。此三者雖愛利有異，其畜養則同。《爾雅·釋畜》「馬、牛、羊、豕、犬、雞謂之六畜」，通以養爲名焉。孝子之事親也，雖以畜養爲名，非徒養口腹而已，必將竭力致誠，順理合教，乃可謂之畜耳。故《祭統》又曰：「須於道不逆於倫〔一〕，是之謂畜。」《祭義》稱曾子曰：「君子之所謂孝者，先意承志，諭父母於道。參直養也，安能爲孝？」經

〔一〕「倫」原作「論」，據林校改。

曰：「三者不除，雖日用三牲養，猶爲不孝。」《論語》曰：「至於犬馬，皆能有養，不敬，何以别？」是孝雖以養生名，而徒養未爲孝也。劉熙《釋名》曰：「孝，好也，愛好父母，知所悦好者也。」是亦解孝之名也。《周書·謚法》云：「至順曰孝。」《孝經援神契》云：「孝，和也。」何晏曰：「孝，須也。」皆解孝之實。《援神契》又云：「孝者，就也，度也，譽也，究也，畜也。」彼緣五等之孝爲之立名。天子以孝德覆燾天下，成就海内，故以就爲名；諸侯專制一國，遵奉法度，故以度爲名；卿大夫服行王法，名譽著聞，故以譽爲名；士自家仕國，究習義理，故以究爲名；庶人身無職任，專事養親，故以畜爲名。孝者，和順之大名，愛親之美稱，故取義者衆也。

經者，綱紀之言也。《左傳》稱「經國家」「經德義」，《詩序》稱「經夫婦」，《周禮》云「躰國經野」，《詩》云「經始靈臺，經之營之」，《考工記》云「國中九經九緯」；對緯稱經，則凡言經者，皆謂舉其綱領也。此書提舉孝之綱領，故以「孝經」爲目。又經則训常也。《釋名》云：「經，徑也，徑路無所不通，可常用也。」《禮記》有《經解》之名，其所解者，即六藝之事。《莊子》云：「六經者，先王之塵[一]迹。」漢以樂亡，置五經博士，是六藝皆以道可常行，故俱稱經也。但《詩》《書》之名，其名各自成義，雖文实是經，不須「經」配。孝者，人行之名，非是作書之號，不可單稱爲「孝」，故以「經」配之，猶老子之《道德經》也。且後世所作星算卜相、龜鶴牛馬，苟可用之，莫不稱經，其源出於此也。劉向《别録》及《漢書·藝文志》皆云：「夫孝，天之經也，地之義也，民之行也。舉大者言，故曰『孝經』。」斯不然矣。「孝經」猶「孝書」也。孝爲天經，自言孝道之大，安得以爲書名？假令不舉其大，又可名此書爲「孝義」「孝行」乎？《左傳》子大叔之説禮也，亦云「天經地義」，辭與《孝經》正同。然則禮亦天經，非獨孝也。若以禮之與孝俱爲天經，則《春秋》《周易》更無天經之言，豈得不爲經也？老子之《道經》，甘石之《星經》，豈復皆有地義、民行，舉大而稱經乎？

[一]「塵」原作「庶」，據林校改。

自有〔一〕天地人民以來，孝道著矣。

議曰：天地人民，莫知其始祖。人稟陰陽之氣，生於天地之间。天地既形，人民必育。陰陽相配，乃至爲夫婦。男女遘精，乃生子息。凡有性靈，皆知慈愛。親既以慈加子，子必以孝報親。故知初有人民，孝道既已著矣。《易·序卦》云：「有天地，然後有萬物；有萬物，然後有男女；有男女，然後有夫婦；有夫婦，然後有父子；有父子，然後有君臣；有君臣，然後有上下；有上下，然後禮義有所措矣。」是言人民之生，次於天地，故天地、人民連言之也。原夫人民之始，與物未殊，雖形異遊禽，而心同野鹿。或可識親而不識其姻，知母而不知其父。生無昬定晨省、嘗膳問豎之儀，死無衣衾襲斂、殯葬祭奠之節，豈能色養備禮，使孝道明著？但知慈母同於禽獸，愛父異於路人，雖無事親之法，即是爲孝之道？洎後聖有作，文物稍彰，禮義既興，尊嚴漸篤。

〔一〕「有」字原脱，據林校補。

蓋自帝皇以還，孝道方始著矣。此言始有人民，已言孝道著者，以其理有存焉，故美言之耳。

《禮運》云：「大道之行也，天下爲公，不獨親其親，不獨子其子。」鄭玄云：「孝慈之道廣也。」彼記之意，五帝之世，道弘化隆，其時之民，風淳俗厚，故能自近及遠，推己及物，愛其親以及人之親，慈其子以及人之子。經云：「愛親者，不敢惡於人；敬親者，不敢慢於人。」是謂不獨親也。《哀公問》云：「妃以及妃，子以及子。」是謂不獨子也。而或者失於記旨，遂至流宕，乃云大古之世，淳風未澆，大樸未折，上德不德，無欲無爲，齊榮辱於死生，等怨親於物我，視他人之親如己親，於他人之子如己子，是謂大道之行，至孝之世。自名教既興，風俗澆薄，人心有異於昔，爲孝不逮於古。今之孝者，獨善其親。孔子救時之弊，故説獨親之孝。斯乃恠異之言也！夫跡遠無岸，心行有極，精則不博，廣則難周，獨善其善必隆，兼愛則爲愛不篤。親他親如己親，必不愛其親矣；於他子如己子，必不慈其子矣。「不愛其親而愛他人，謂之悖德」，然則古之孝子皆悖德之人也。不慈其子而慈他子，易牙爲之，然則古之慈父皆易牙之徒也。且夫喘耎之虫、消翹之物，風春雨磑，蹠實排虛，皆知子子親親，物物我我，愛其偶而狎其群，慕其侶而從其類。若太古之民，不識怨親，不知彼我，則昆虫之不如也。斯乃未能及物，何止乎未殊乎？談之孟浪，一何至此！《喪服傳》曰：「昆弟之義無分，然而有分者何？則避子〔一〕之私也。子不私其父，則不成爲子。」禮使世叔之父異於其父，安得以黄髮之叟皆如父也？《檀弓》曰：「兄弟之子猶子，蓋〔二〕引而進之。」記言兄弟之子異於己子，安得以總角之丱〔三〕皆如子也？帝堯之光宅天下，先親睦九族；虞舜之登庸受位，則慎徽五典。孔子用心，愛陬〔四〕親于愛魯；周公制禮，異姓後於同姓。信其上

〔一〕「子」原作「于」，據林校改。
〔二〕「蓋」原作「盍」，據林校改。
〔三〕「丱」原作「非」，據林校改。
〔四〕「陬」原作「鄹」，據林校改。

皇之民，大道之世，混踈戚、齊物我，媪嚴父於野老，均愛子於遊童。行殊於周孔，道異於堯舜，眷言顧之，未足可重，亦有何求，强生歆羨？論道不愜於心，立言不徵於聖，以此爲教，未之或聞。

上有明王，則大化滂流，充塞六合；若其無也，則斯道滅息。

議曰：此自人民以來，博敘興廢，則明王之言兼帝、皇矣。帝、皇號雖不同，其王天下一也。以經有明王，故以明王爲説。大化，謂以孝化民也。滂流，以水喻也。六合，謂天地四方也。明王之以孝治天下，能使害灾不生、禍亂不作，是其道滿六合也。《堯典》云「光被四表，格於上下」，是亦充塞之事也。

當吾先君孔子之世，周失其柄，諸侯力争，道德既隱，禮誼又廢。至乃臣煞其君、子煞其父，亂逆無紀，莫之能正。是以夫子每於閒居，而歎述古之孝道也。

議曰：《周禮·大宰》「以八柄詔王馭群臣」，謂爵、禄、予、置、生、奪、廢、誅也，此八事，王所秉執以裁制臣下。周德既衰，威恩不加於諸侯，是失其柄也。《論語》云「天下無道，征伐自諸侯出」，是其以力争也。《禮運》云「大道既隱」，《詩序》云「禮義廢」，《易·文言》曰「臣弑其君，子弑其父，非朝一夕之故，其所由來者漸矣」。春秋之世多煞君煞父之事，天下〔一〕不能伐，鄰國不能討，時有亂逆，無復綱紀，是莫之能正也。孔以首稱仲尼閑居，謂其屢經歎傷，曾子始問，故云「每於閑居歎述古之孝道也」。夫子敷先王之教於魯之洙泗，門徒三千，而達者七十有二。貫首弟子顔回、閔子騫、冉伯牛、仲弓，性至孝之自然，皆不待喻而寤者也；其餘則悱悱憤憤，若存若亡。唯曾參躬行匹夫之孝，而未達天子、諸侯以下揚名顯親之事，因侍坐而諮問焉，故夫子告其誼。於是曾子

〔一〕林校：「下」梓本、足本作「子」。

喟然知孝之爲大也，遂集而録之，名曰《孝經》，與五經並行於世。

議曰：「門徒三千，達者七十有二」，《孔子家語》文也。《史記·孔子世家》亦云「身通六藝者七十有二人」，及《仲尼弟子傳》即云「受業身通者七十有七人」。馬遷差在孔後，傳所聞自爲二説，當以《家語》爲正也。

人之次敘，若物在繩索之貫，《論語》之差弟子，顔、冉四人處德行之科，在群賢之先，故謂之「貫首」也。孔氏此意以爲顔、冉四人性本至孝，體自生知，不待曉喻，自然寤解，故孔子不爲顔、閔説孝也。此四人以外，其餘則憤憒結於心、悱悱存於口，欲解不解，若存若亡，雖有所疑，莫能啟發，故孔子不爲餘人説孝也。唯有曾參上不逮于顔、閔，下差賢於餘人，躬行匹夫之孝，未達五孝之義，因侍[一]坐諮問而夫子告之，於是曾子喟然而歎，集而録之，名之曰《孝經》，蓋謂曾子録之，還曾子名之也。孔之此説，竊所未安。

〔一〕「侍」原作「待」，據程《校補》改。

何則？四科之目，就分表名，隨其所長，略爲等輩，未必德行一科皆是上哲，其餘三品悉掛中庸也。顔子具體殆庶，或當絶倫逸群；閔損、冉耕之徒，未必即顔之類。顔淵既死，云「未聞好學者」，知閔、冉必有減於顔，而并舉四人同稱，自寤其不可一也。有子曰：「孝弟也者，其仁之本與？」顔、冉猶尚問仁，何以不須問孝？其不可二也。夫子之品門人，則曰「參也魯」，曾西之説子路，則曰「吾先子之所畏」。然則游、夏、求、賜之徒，未必後於曾子，而總其餘皆以爲劣，其不可三也。懿子、武伯、子游、子夏，問孝之人蓋亦多矣，而獨推曾子，謂餘弗能，其不可四也。子曰：「不憤不啟，不悱不發。」然則憤當啟之，悱當發之，知其悱憤，舍而不告，孔子之教，義在不然，其不可五也。案經，曾參不自發問，夫子呼而語之，曾子所問二事而已，餘皆孔自敷演，不因叩擊而云因侍〔二〕坐諮問，孔始告之，其不可六也。五孝之末，曾子即云「孝之大也」，非待説義畢了方始總歎，而云「既

〔二〕「侍」原作「待」，據程《校補》改。

歎其大，遂集録之」，其不可七也。孔子之作《春秋》，脩舊史耳，尚云「則筆則削，子夏之徒不能贊一辭」。此經文婉辭約，指妙義微，孝道大於策書，參才鈍於子夏，而云曾自撰録、曾自制名，其不可八也。讖緯之文，信多虚誕，雖不盡是聖言，斯〔一〕當有承舊説。《春秋緯》稱孔子曰「吾志在《春秋》，行在《孝經》」，己之志行所在，無容他人代〔二〕作，其不可九也。即仲尼因問而答，曾子退而脩撰，與夫《論語》復何以異？而得名之爲《孝經》，與五經並行於世，其不可十也。

炫以爲：《孝經》者，孔子身手所作，筆削所定，不因曾子請問而隨宜答對也。士有百行，以孝爲本。本立而後道生，道成而後業就。經曰：明王以孝治天下。然則治世之具，孰非孝乎？徒以教化之道，因事立言，經典之名，隨

〔一〕「斯」原作「期」，據林校改。
〔二〕「代」原作「伐」，據林校改。

方表稱，至使威儀禮節之末競於當世，孝弟德行之本隱而不章。加以衰周之季，禮義陵遲，亂逆無紀，名教〔一〕風俗頽弊。用感聖心，視世崩淪，有懷制作，但雖有其德而無其位，不可自率己心，特制一典，因弟子有請問之道，師儒有教誨之義，故假曾子之問以爲對揚，非曾子實有問也。何以知其然？若疑必以問申心，曾子應每章一問；言必待問乃陳，仲尼應每問一答。案經，夫子呼而告之，非曾子請也；諸章以次陳之，非待問也。安在其由曾子之問而爲曾説乎？且辭義脈連，文旨環復，首章問其端緒，餘章廣而成之，非一問一答之勢也。理有所極，辭無所宣，方始發曾之問，及更説以終之，非請業、請益之事也。首章言「先王有至德要道」，至於第十五章始云「此謂要道」，第十六章乃云「非至德其孰能訓如此其大者乎」，主自遥結首章，非答曾也。若主爲曾説，首章語曾已畢，何由不待曾問，遠自終之？且三起曾子，唯二者是問，其一歎

〔一〕林校：「梓本、足本『教』下有『將絶』二字，是也。」

之而已。答須待問，則歎非問也。録曾此歎，復何所明？斯則別有旨矣。夫子將欲説孝，無所措辭，故假言曾侍，爲之論道，下盡庶人，其言已極，於孔則不得更端，於曾則未有可請，故假稱歎孝之大，更説大孝之方，孝治天下之事。言「明王之以孝治天下也如此」，是其説孝已極，歎言聖道莫大於孝，其辭無以發端，故又借曾問，乃説聖人之德不加於孝。十九章以來，唯論敬順之道，未有規諫之事，慇懃在於悦色，不可頓説犯顔，故更借曾問陳諫争之義。此皆孔須曾問，非曾須孔問也。莊周之斥鷃咲鵬、罔兩問影，屈原之漁父鼓枻、太卜拂龜，馬卿之烏有、亡是，揚雄之翰林、子墨，皆假設客主，更相應答，與此復何所異？而前賢莫之覺也。

《藝文志》云：「《孝經》者，孔子爲曾子陳孝道也。」謂其指爲曾子特説此經。然則聖人有作，豈爲一人而已？《別録》云「《孝經》之名，曾子所記，蓋聞孔子然後成之。」孔子必有潤色，不藉曾爲稾草。若其力不上札，何假聞孔而成？斯皆不本於文，故致兹謬耳。此綱一僻，衆目悉差，所以先儒注解，多所未值〔一〕。唯鄭玄《六藝論》云：「孔子既叙六經，題目不同，指意殊别，恐斯道離散，後世莫知其根源所生，故作《孝經》以總會之，明其枝流〔二〕本萌於此。」其言雖則不明，其意頗近之矣。若然，入室之儁，其人不少，獨假曾爲言者，曾於孔門偏得孝名故也。《老子》曰：「六親不和，焉有孝慈。」然則孝慈之名〔三〕，以不和而大。萬行周員，乃稱爲聖。苟在聖地，無不孝者。而家有三惡，舜稱大孝；龍逢、比干之忠名獨章，主不明也；孝己、伯奇之孝著，母不慈也。曾子孝性雖深，名有由而發，史籍散滅，不可復知。藜蒸不熟而出其妻，明其家法嚴也；耘〔四〕而傷苗，幾殞其命，明其父少恩也。曾子孝名之大，或亦由此成乎？或以爲扁鵲之兄，名不出閭，爲術妙故也。顔淵至性深妙，人莫能知。曾

〔一〕「值」上原有「作」字，據林校删。
〔二〕程《校補》據《隋書·經籍志》云「此句『枝流』後脱『雖分』二字」。
〔三〕「之名」二字原倒，據林校乙。
〔四〕「耘」原作「私」，據林校改。

參孝性麤淺，迹見於外。然則大舜之孝豈復麤於顔乎？而迹常見也。顔子於學豈獨不至妙乎？而衆推之也。斯不達理者之耳。《孝經》作之早晚，則無以可明。子曰：「吾自衛反魯，然後樂正。」則孔子之脩六藝，皆在反魯之後。讖緯羣書多云《春秋》是獲麟後作，《孝經》之作蓋又在後矣。

逮乎六國，學校衰廢，及秦始皇焚書坑儒，《孝經》由是絶而不傳。

議曰：六國謂韓、魏、燕、趙、齊、楚也，於時交兵戰争，故學校衰廢。鄭玄《詩箋》云：「謂學爲校者，言可以校正道藝。」《漢書》公孫弘奏曰：「三代之道，鄉里有教，夏曰校，殷曰庠。」然則校本鄉學之名，故與學連言之也。《史記·秦始皇本紀》云：「卅四年，置酒咸陽宫，博士淳于越進曰：『臣聞殷周封子弟，自爲枝輔。今陛下帝有海内，而子弟爲匹夫，卒有田常、六卿之權，無輔弼，何以相救哉？事不師古而能長久，非所聞也。』始皇下其議，丞相李斯奏曰：『陛〔一〕下建萬世之功，固非愚儒所知也。諸生不師今而道古，惑亂當世，以迷黔首，臣請非秦記皆燒之。』制曰『可』。」衛宏《古今奇字敍》曰：「秦政召諸生七百人，密冬種苽於驪山硎谷中温處，苽實蔵成，使人上書曰：苽冬有實。詔下博士諸生説之，皆使往視之，而爲伏機。諸生賢儒方相難，因發機，從上填之以土，皆壓終。」是焚書坑儒之事也。以其儒道既喪，《孝經》由是絶而不傳，蓋民間雖有遺文而無復師説也。《援神契》云：「制命紀表，道以立若有毁寶命者，孔不已。」宋均云：「《春秋》《孝經》雖遇秦，猶有存者。」如均之言，漢初自存者，即所謂《今文孝經》。下言先帝詔書所引，伏生門徒所議，皆是此民间《孝經》，非河間所獻者也。

至漢興，建元之初，河間王得而獻之，凡十八章，文字多誤，博士頗以教授。

〔一〕「陛」原作「階」，據林校改。

議曰：《漢書》：河間王名德，景帝子，武帝弟，以景帝前二年封河間王。建元者，武帝初年號也，是時漢興已七十七年矣。《别録》云：「文古文，稱《大孝經》，焚書之後，河間人顔芝受而藏之。漢氏受命，尊尚聖道。芝子貞〔一〕乃出之民間。建元初，河間王得而獻之。」然則河間所得，顔芝所藏者也。「凡十八章，文字多誤」，謂後得壁内古文考之，乃知章少字誤耳。漢魏以来，諸儒所傳十八章，即是河間所獻者也。以今所得古文校之，今文少五十二字，多五字，不同者廿一字，皆是今文誤也。博士謂河間所得爲真。「頗用以教授」，言用之尚少也。

後魯恭王使人壞夫子講堂，於壁中石函得《古文孝經》廿二章，載在竹牒，其長尺有二寸，字科斗形。魯三老孔子惠抱詣京師，獻之天子。使金馬門待詔學士與博士群儒從隸字寫之，還子惠一通，以一

〔一〕「貞」原作「負」，據林校改。

通賜所幸侍〔一〕中霍光。光甚好之，言爲口實。時王公貴人咸神秘焉，比於禁方。天下競欲求學，莫能得者。每使者至魯，輒以人事請索。或好事者募以錢帛，用相問遺。魯吏有至帝都者，無不齎持以爲行路之資。故《古文孝經》初出於孔氏矣。

議曰：《漢書》：恭王名餘，亦武帝弟，以景帝前〔二〕二年封淮陽王，三年徙爲魯王，廿八年薨，謚曰恭。《武帝紀》曰：「元朔元年，魯恭王餘薨〔三〕。」是武帝即位之十三年也。壞壁之歲，漢史不明，必在元朔之前，恭王未薨時也。武帝在位凡五十四年，則恭王壞壁在帝初矣。而《藝文志》云：「武帝末，魯恭王壞孔子宅，得《古文尚書》。」孔安國《家語序》云：「天漢後，魯恭王壞夫子故宅，得所壁藏書。」計元朔下至天漢凡廿八年，恭王薨已久矣，不得方始壞壁。

〔一〕「侍」原作「待」，據林校改。
〔二〕「前」上原有「即位」二字，據程《校補》删。
〔三〕「薨」字原脱，據林校補。

蓋壞壁得書送上漢朝，武帝之末書還孔氏，故云武帝末也。又《書序》稱「作傳既畢，巫蠱事起」，案巫蠱事起在征和元年，爲天漢後九年也，上距恭王薨歲凡卅年，雖復覃思博考〔一〕，不應卌許年方成此傳。明是天漢之後，孔氏始得其書，意在得書之時，不記壞壁之歲，故言天漢後壞壁耳。

《說文》云：「簡，牒也。」「牒，札也。」「載在竹牒」，謂以竹簡寫之也。「長尺有二寸」者，鄭玄《論語序》云：「六經之策，皆長二尺四寸，《孝經》以謙半之。」蓋夫子曰自謙，不敢同於六經，後人寫者，長短恒如其舊故也。

「科斗書」即周時古文也。秦下杜令程邈始〔二〕作隸字，既便於民，古文廢而不用。至於壞壁之時，歷年久遠，時人復不復能識。其字如科斗之形，其後遂號此書爲科斗書也。

〔一〕「考」原作「孝」，據林校改。
〔二〕「始」原作「如」，據林校改。

《漢書》：高祖定三秦，「舉民年五十以上有脩行、能率衆爲善，置以爲三老，鄉一人。擇鄉三老爲縣三老，與縣令丞尉以事相教」。《百官表》曰：「大率十里一亭，亭有長；十亭一鄉，鄉有三老。」文帝詔曰：「三老，衆民之師也。」然則三老是民之長師，若今之鄉正也。謂之三老，蓋每鄉各置三人，通以三老爲號也。

《孔子世家》孔子至于安國，唯序世世相承，不載旁枝所出，不知子惠之於安國族徒遠近也。《家語序》云：「子襄以秦法峻急，乃壁藏其家書《孝經》《尚書》及《論語》。」則此書子襄藏之也。近世儒生不見孔序，乃云壁内《孝經》是孔子世孫惠所藏，子惠是得書者也，非藏書者也。良由傳聞不審，故妄説耳。漢武帝使學士金馬門待詔命備顧問，故謂之金馬門待詔學士。《漢書》公孫弘、東方朔皆云「待詔金馬門」，此之類也。《史記注》云：「金馬門旁有銅馬，故謂之金馬門。」《尚書序》云：「科斗書廢已久，時人無能知者，以所聞伏生之書考論文義，考定其可知者爲隸古。」此言「從隸字寫之」，亦當如《尚書》之爲。

但《尚書》是安國自定之，此則漢朝使學士定之耳。

《尚書·仲虺之誥》湯曰：「予恐來世以台爲口實。」謂實之於口，常以爲諫，言其愛之深也。於時武帝好神仙，重方士，每得異術，必秘密禁掌。「比於禁方」，言其實愛之也。「使者至魯」，謂天子之使至魯國也。「人事請索」，謂參承請候，求覓之也。

《家語序》云：「往往頗有浮説事者，或各以意增損其言。元封之時，吾仕京師，懼先人之典言將遂泯滅，於是因公卿大夫，私以人事求募其副。」是安國文筆，數以「人事」「好事」「往往」爲辭也。「好事者募以錢帛」，謂人事不得，乃以錢帛募之。既得，則以「相問遺」，言其愛之甚也。「齎持以爲行路之資」，謂以本借人，得其資給也。此皆言時人愛之深，由是遂流布，乃結之。「故《古文孝經》初出於孔氏」，言他方所有皆從孔氏得之，非在外別有本也。以諸儒言孔氏無《古文孝經》，慇懃序之。

而今文十八章，諸儒各任意巧説，分爲數家之誼，淺學者以當六經，其大車載不勝，反云孔氏無《古文孝經》，欲曚時人。度其爲説，誣亦甚矣。

議曰：上云《孝經》「絶而不傳」，謂漢初未有師説也。言此「任意巧説，分爲數家」，謂至安國之時，始煩名也，但不知於時講説凴據何本耳。河間所上者，上云「博士頗以教授」，言其聞者少也。下云「諸國往往有之」，言其本尚稀也。然則河間所上，其道未能隆盛，此諸儒所説，蓋民間私本，但有與河間所上同十八章耳。案《漢書·藝文志》《儒林傳》，《孝經》於武帝之前未有能專門命氏，不知數者姓名爲誰也。淺學者不能博通諸藝，唯習《孝經》而已，欲以一篇之書，持當六經之處，安搆虚辭，多費簡牘。「其大者乃車載不勝」，疾其道狹而文煩也。上云五經，此云六經者，疾其以寡當衆，故多言之。此巧説淺學之輩欲擅《孝經》之名，誣罔孔氏，蒙冒時人，知古必異今，恐正之破己故也。吾愍其如此，發憤精思，爲之訓傳，悉載本文，萬有餘言。朱以發經，墨以起傳，庶後學者覩正義之有在也。

議曰：前漢以前爲傳訓，皆舉本文別行。孔欲省其兩讀，故悉載本文於上，作傳按之於下。經見有一千八百五十字，其傳寫脱誤，本數不可復知。經傳通數，萬有餘言。經傳不相分辨，故朱墨爲別。後漢以來，注書者皆以麄細爲異，時人因以麄細寫之。麄細既便於事，故不復改用朱墨。

今中秘書皆以魯三老所獻古文爲正，河間王所上雖多誤，然以先出之故，諸國往往有之。

議曰：漢官有中書、秘書之署。「中書」言其在内，「秘書」言其禁密，二者皆藏書司，皆以三老所獻爲正，則是棄河間所上。諸國未識其真，故往往不絶。

漢先帝發詔稱其辭者，皆言「傳曰」，其實今文《孝經》也。

議曰：《孔子世家》云：「孔安國爲今皇帝博士，至臨淮太守，蚤卒。」今帝謂武帝，則安國之卒在武帝之世。據時而稱先帝，則文、景是也。武帝建元之初，河間王始獻《孝經》。文、景之詔已稱其辭，以此知漢初先有《孝經》，非由河間始得也，但河間以顔芝所藏謂其真而獻之耳。言「其實《今文孝經》」，謂民間先有者爲今文，非河間所上者也。河間蓋亦自謂古文矣。上云「以三老所獻爲正」，明與河間所上本争爲真僞。若今文，則不須辨矣。

文、景之詔存者未幾，據今《漢書》所藏，無稱《孝經》辭者，其後成帝與丞相翟方進詔云：「傳曰：高而不危，所以長守貴也。」以前亦然，是此言爲實。昔吾逮從伏生論《古文尚書》誼。時學士會，云出叔孫氏之門，自道知《孝經》有師法。

議曰：《史記・儒林傳》：「伏生故爲秦博士，孝文時伏生年九十餘，老不能行，詔朝錯往受《尚書》。」文帝之時伏生已老，安國幼嘗經見，故云「吾逮從」，是僅得及之辭也。《古文尚書》亦是壞壁所得，於伏生之時已得《古文尚書》義者，伏生所傳亦自謂「古文尚書」，非謂伏生見恭王古文也。何則？伏生於文帝之時，已年九十，從文帝元〔一〕年下至天漢，又八十年。天漢之後，古文方出，伏生於時必不存矣。「時學士會」者，四方學士共集伏生所也。叔孫通，秦時博士，漢初爲奉常。云「出叔孫氏之門」者，學士會處，有人自云是叔孫弟子，稟承有據也。「知《孝經》有師法」，言己受之叔孫，得其道也。於伏生之會已言及《孝經》，此人復稱受於叔孫，説有師法，是〔二〕知河間未上之前，已有《孝經》明矣。

其説「移風易俗，莫善於樂」，謂爲天子用樂省萬邦之風，以知其盛衰。衰則移之以貞盛之教，淫則移之以貞固之風，皆以樂聲知之，知之則移之，故云「移風易俗，莫善於樂」。

〔一〕「元」原作「九」，據林校改。
〔二〕「是」原作「足」，據林校改。

議曰：此皆叔孫門人所説也。其人以爲非天子不得用樂教民，民識寡，不可以樂移易。其意言天子以樂音知風俗善惡，知其惡則以政移之。以樂歌採於民，盛衰形於樂，故天子之用樂也，於樂音之内省萬邦之風俗之盛衰。觀其衰也，則移之以貞盛之教；見其淫也，則移之以貞固之風。衰者不盛，故王者皆〔一〕以盛易衰；淫者不固，故以固易淫。淫極乃衰，衰由淫起，淫則不貞，故二者皆以貞配之。其衰也以樂音知之，既知之，則設教移之。其得有移易之由，乃是樂歌之大，故云「移風易俗，莫善於樂」。止謂由樂移風，非言樂能移也。

又師曠云：「吾驟歌南風，多死聲，楚必無功。」即其類也。

議曰：此叔孫門人引證以成己説也。襄十八年《左傳》稱楚師伐鄭，晉將救之，師曠云：「吾驟歌北風，又歌南風，南風不競，多死聲，楚必無功。」彼歌

〔一〕程校補云「二者皆」三字衍。

北歌南以觀師之强弱，以南多死，知楚必無功，是亦省樂知衰之事，故云「即其類也」。

且曰：「庶民之愚，安能識音，而可以樂移之乎？」

議曰：此以樂移風，案文自了。學者皆知其趣，但此叔孫門人曲爲巧説，又難常解，以扶〔一〕成己意，故於時且復言此也。

當時衆人僉以爲善，吾嫌其説迂，然無以難之。後推尋其意，殊不得爾也。子游〔二〕爲武城宰，作絃歌以化民。武城下邑，而猶化之以樂。故《傳》曰：「夫樂，以開山川之風，以曜德於廣遠。風德以廣之，風物以聽之，循詩以詠之，循禮以節之。」又曰：「用之邦國焉，用之鄉人焉。」此非唯天子用樂明矣。

〔一〕「扶」原作「怢」，據林校改。
〔二〕「游」原作「淤」，據林校改。

議曰：《釋詁》云：「僉，皆也。」衆人喜於異聞，不察可否，故皆以爲善。於時安國尚幼，雖復嫌其迂誕造次，無以難之，故今將作傳，乃追詰其事。子游作絃歌以化民，《論語》文也。「《傳》曰」者，《外傳·晉語》文也。彼云「平公悦新聲，師曠云：『公室其將卑乎，始兆其萌矣。』」乃説此數句。開者，流通之謂。地形之著，莫著於山川，山川通氣，若樂音之條暢，故樂所以通山川之風也。曜者，發揚之謂，樂能發揚人君之德，使至於廣遠也。以樂能如是，故作樂者風發道德以廣大之〔一〕。樂音之作，必因器物，故風發金石之物以聽察之。金石之音，以詩歌爲主，故循《雅》《頌》之詩以吟詠之。歌詠之音，有新舒疾之節，故循威儀之禮以節度之。彼説立樂之方如是，是樂之可以化民也。風之爲義，意與曜同。推以及遠，若風之飄物，故言「風」也。謂八音所用之物，金石絲竹之屬也。憑物而後出音，因音而後可聽，故言「物」也。詩有美惡之辭，

〔一〕「之」字原脱，據林校補。

禮有升降之節，皆循習用之，故言「循」也。「又曰」者，《毛詩序》也。言《關雎》説后妃之德，爲風〔一〕化之始。故周公制禮作樂，「用之邦國焉」，使諸侯以之教其臣，即《燕禮》歌《周南》是也；「用之鄉人焉」，使鄉大夫以之教其民，即《鄉飲酒》歌《周南》是也。諸侯大夫悉皆用樂，此非唯天子用樂明矣。

夫雲集而龍興，虎嘯而風起，物之相感，有自然者，不可謂毋也。胡笳吟動，馬蹀而悲；黄老之彈，嬰兒起儛。庶民之愚，愈於胡馬與嬰兒也，何爲不可以樂化之？

議曰：《易·文言》云：「雲從龍，風從虎。」東方朔《七諫》亦云：「虎嘯谷風生，龍舉而景雲往。」是自然有相感之事也。雲集龍興，虎嘯風起，文不類者，俱是相感，故互以見意。笳者，胡地之樂；塞北，馬之所出。蓋胡馬入漢，聞本土之音，故蹀足而聲悲耳。其生於中土者，未必悲也。黄髮老人之彈琴

〔一〕「風」字原脱，據林校補。

瑟，則嬰兒聞而起儛，爲經見而知曲故也。鄭玄《禮記注》云「嬰猶緊弥」謂，「弥」謂幼稚之小兒也。笳吟馬蹀，老彈兒儛，或可舊有此文，書已不知所出。經又云「敬其父則子悦，敬其君則臣悦」，而説者以爲各自敬其爲君父之道，臣子乃悦也。余謂不然。君雖不君，臣不可以不臣；父雖不父，子不可以不子。若君父不敬其爲君父之道，則臣子便可以忿之耶？此説不通矣。吾爲傳，皆弗之從焉。

議曰：此義直云「説者」，或當别有人説，未必是叔孫門人也。爲下者有諫争之義，無校報之道。君父雖不自敬，臣子不可不悦，故與上二事吾皆弗之從焉。舊説之謬，蓋應多矣，略舉二事，以明改作之意耳。

孝經

議曰：書止一卷，更無别篇，即以大名爲篇首之目，凡廿二章。首章開源於上，總説孝之終始。天子至於庶人，位有貴賤，孝有大小，故二章至六章，每章各説其事。七章以立〔一〕孝既終，乃總結之。從上至下，勢已總結，欲言孝道之大，其辭無以發端，八章乃假稱曾子之歎，更説孝道之大、先王化民之事。既言先王設法，未極用孝之狀，九章乃説明王孝治天下。至於天下和平，感致既深，故言「如是」以結之。其言既結，不復得起，欲言聖德不過於孝，其辭無以發端，故十章更假曾子之问，乃説聖人之德不加於孝。十一章説父母生養之恩既大且重。十二章説其居上臨下之人，以身範物。十三章説事親終始之道。十四章説不孝爲罪之大。十五章申説孝爲德之本，以結「要道」之言。十六章申説教之所生，以終「至德」之義。十七章言以孝爲教，可使澤及四海，覆述「教之所由生」。十八章言自家仕國，足以行成名立，遥結「揚名於後世」。既言行成於内，須述内行所成，十九章乃説閨門之内得有理治之法。色養之事於此已畢，規諫之方其理未著。但累章慇懃，唯戒和順不可翻，今即説犯顔

〔一〕林校云：「『立』當作『五』。」

諫争之理，無由得發，故廿章更假曾子之問。但犯顔、承志，其義相反，而事親之方必須規諫，以其事異上章，故設爲曾子領受前言，率心別請，乃得責其不可，然後盛説其事。既言子須諫父，廿一章又説臣當匡君。生養之道既畢，廿二章乃説喪親之事以終之，卒句云「孝子之事終矣」，明是立言自終，非由答問盡也。此經終始纏綿，迴還反覆，遞爲首尾，互相發明。啟行之辭，逆前中篇之意；絶筆之言，遥塍前句之旨。豈是由人啟問，隨機對乎？以文逆者，易可根尋，而藏理終古，未寤先覺，追想前哲，何其疏也！

今文十八章者，並七章于《庶人》之末〔一〕，首章爲總，不得與《天子》同章；總結五孝，安得與《庶人》同也？其十一章「父子之道」，十二章「不愛其親」，每章異意，義不相連，排而同之，不類甚矣。良由失其「子曰」，故不能分別之耳。今文又退「明王事父孝」章《諫争》之下，既於《諫争》之後，復説和順之事，言之

〔一〕「末」原作「未」。

不次，亦已甚矣。聖人有作，豈其然乎？

孔氏傳

議曰：孔氏之先，殷之苗裔，宋微子之後也。《家語·本姓篇》云：「宋襄公熙生弗夫何，何生宋父周，周生世子勝，勝生正考父，正考父生孔父嘉，五世親盡，别爲公族，故其後以孔爲氏焉。孔父生木金父，木金父生皐夷氏，皐夷氏生防叔，防叔避華氏之逼而奔魯，生伯夏，伯夏生叔良紇。」紇即孔子之父也。

漢世治經者，各自名家，傳其業，故稱「孔氏傳」焉。安國字子國，《家語録》云：「子國考論古今文字，撰衆師之義，爲《古文論語訓》廿一篇、《孝經傳》二篇、《尚書傳》五十八篇，皆所得壁中科斗本書也。」然則《孝經傳》本爲二卷，不知誰并之也。《書序》云：「承詔爲五十九篇作傳。」此傳雖非受詔，蓋亦與《書》同時矣。《書序》云：「以巫蠱事起，不復以聞。」既不以上聞，故不在録。

《家語録》又云：「孝成皇帝詔光禄大夫劉向校定衆書，不列子國所傳訓《古文尚書》《論語》於《别録》。時子國孫衍爲博士，上書辨之，天子許之。未及論定而帝崩，向又病亡，遂不果立。」以其不立學官，諸儒鮮有見者。

《藝文志》云：「《孝經》今文長孫氏等傳之，各自名家，經文皆同，唯孔氏壁中古文爲異。『父母生之，續莫大焉』，『故親生之膝下』，諸家説不安處，古文字讀皆異。」今案：此經作「親生育之」，云「生之膝下」，則班固唯傳闻其異，不自見古文也。皆及魏、蜀，似無見者。吴欝林太守陸績作《周易述》，引《孝經》曰：「閨門之内，具禮矣乎！」则陸績作《周易述》嘗見之矣。江左晉穆帝永和〔一〕十一年及孝武泰元元年，再聚朝臣，講《孝經》之義。有荀茂祖者，撰集其説，載安國序〔二〕於其篇首，篇内引《孔傳》者凡五十餘處，悉與今傳符同。是

〔一〕「和」字原脱，據林校補。
〔二〕「序」字原脱，據林校補。

苟昶得孔本矣。及梁王〔二〕蕭衍作《孝經講義》，每引古文「非先王之法服」，云古文作「聖王」；「此庶人之孝」，云古文亦作「蓋」；「以事其先君」，云古文作「聖先公」；「雖得之，君子不貴也」，云古文作「雖得志，君子不道也」。此數者所云古文，皆與今經不同，則梁王所見別有僞本，非真古文也。後魏以來，無聞見者。開皇十四年，《書》學博士王孝逸於京市買得，以示著作郎王劭，劭遺送見示，幸而不滅，得至於今，亦安知來世不復亡也。識真之士，宜留意焉。

〔二〕「王」原作「至」，據林校改。

孝經述議卷第四盡十六章

河間 劉炫 撰

聖治章

「曾子曰」至「本也」。百卌字。

議曰：夫子既説孝治天下，能使災害不生，禍亂不作，是言孝行之大，大之極者。但「孝」非聖名，嫌聖行猶廣，欲言聖不過孝，其辭無以發端，故更假曾問，然後爲説。設爲曾意，言：孝道之大如此，行似不復可過。敢問聖人之德，豈可無以加於孝乎？心疑聖人之德無有大於孝者，故問之。子曰：夫稟天地之氣性者，唯人最爲貴也。人之所爲行者，莫有大於孝也。孝行之所大者，莫有大於尊嚴其父也。嚴父之所大者，莫有大於以父配天也。能以其父配天者，則周公是其人也。即説周公嚴父、配天事。昔者周公於郊祀其始祖后稷以配上天，宗祀其父文王於明堂以配上帝。推祖、父以配天，敷至德以訓下，是以四海之内列國之君，各以其所職貢，來助周公之祭。自非大聖，不能以父配天；周公聖人，乃能尊嚴其父。夫以聖人之德，又何以加於孝乎？聖德不過於行孝，孝行莫大於嚴父。凡人自有嚴親之志，聖人教以成之。因説名之爲「嚴」，設教易成之意。是故人以己身是親所生之育之，得至成長，以此尊養父母，名之曰「嚴」。言天下之人自然有嚴親之意，聖人因人自有尊嚴之心，以教之敬；因人自有親愛之心，以教之愛。人既自有本心，還順人心設教。故聖人之爲教也，不加肅戒而自成；其爲政也，不待嚴威而自治。由「其所因者本也」，言順本而教，故其化易行，結上「以訓天下」之意也。

傳「性生」至「莫大焉」

議曰：物生而各有其性，故性爲「生」也。《中庸》曰「天命之謂性」，《易》曰「乾道變化，各正性命」，又曰「窮理盡性，以至於命」，是言物皆稟命於天，而各有氣性也。孝是人之所爲，而遠言「天地性」者，天地有形之大，萬物天地所生。若其近取諸身，從人而説，則未足以見天地之間此道最大，故遠本天地，然後及之，乃孝行是行之高也。《祭法》曰：「大凡生於天地之間者皆曰命。」《泰誓》曰：「惟天地，萬物父母；惟人萬物之靈。」《禮運》曰：「人者，天地之德，五行之秀。」荀卿曰：「水火有氣而無生，草木有生而無知，禽獸有知無義，人兼有之，故爲天地之貴。」是言「含氣之類，人最貴」也。既言人最爲貴，又解爲貴之狀，以其有道義節度，故爲貴也。道義節度，教使之然。政從朝廷而出，故先言「君臣」，後言「父子」。「君臣」非有骨血，於事宜然，故云「之義」；「父子」氣相連屬，自有此道，故云「之道」。「上下」嫌其失序，故言「正」，「正」謂整齊之也；室家失於恩薄，故言「篤」，「篤」謂加厚之也。「孝者，德之本也」，本更無先；「教之所由生也」，教從此出，爲其本源，理不可大，故人之行莫大焉。曾子問「德」而答以「行」者，畜之爲德，施之爲行。行是德之迹，據末以彰本，由德行相因，故以「行」表「德」也。

傳「嚴尊」至「其人也」

議曰：爲下所尊，上乃嚴正。「嚴」爲尊之狀，故「嚴」爲「尊」也。物之大者莫大於天，推父比天，使之相配，行孝之大，無過此者。故云「爲孝之道，無大於尊嚴其父，以配祭天帝者」也。人於父母，以愛爲心，以敬爲貌。愛則爲親，敬則爲尊。上章所陳先愛後敬，此獨言「嚴」而不言「親」者，以親之既極，故尊之弥甚。推父是親愛之心，配天是尊嚴之迹。説嚴而親理自見，舉迹而心内可知。配天是嚴，故指「嚴」而説。止言嚴父而不言嚴母者，禮法以父配天，而母不配也。聖人作則，神無二主。母雖不配，爲嚴亦同。下章云「嚴親嚴兄」，親父可以兼母，於兄尚嚴，况其母乎？《祭統》曰：「鋪筵席，設同几。」鄭玄云：「死則神合同爲一。」夫妻一體，其神既同，母雖不得配天，其尊不失於極也。祭天必須人爲配者，《公羊傳》曰：「自外至者，無主不止。」是由天爲外神，故祭必須主也。《禮記》曰：「萬物本於天，人本於祖。」是由祖爲我本，故可以相配也。以父配天，王者之禮，諸侯以下無復此法。位有貴賤，父無尊卑，雖復匹夫之情，尊嚴之心不異，必以郊祀配天爲嚴之莫大者。人之奉親，稱家所有財之多少，視禮而行。聖人以位有高下，制爲等級，欲使不豐不殺，各得盡心。《檀弓》曰：「有其禮，無其財，君子弗行也；有其財，無其時，君子弗行也。」《禮器》曰：「羔豚而祭，百官皆足；大牢而祭，不必有餘，此之謂稱。」是言人子之道，孝養之義，當守禮以奉親，稱情以行禮也。若使禮得施用，財足備儀，人各吝之而不祭，固不可矣。禮所不得，財非己有，竊之以薦獻，又將可乎？若三家之視桓楹，季氏之舞八佾，豈徒君子之所不爲，亦是鬼神之所不饗。由此言之，周公之郊天宗祀，孔子之疏食菜羹，其於尊嚴亦無異矣。但名位是聖人之大寶，配天是孝道之高致，故舉配天之禮以爲嚴父之極，非謂不配天者爲不嚴也。又，配天者，以父有嘉績，德合天心，因其可以相偶，然後推以爲配。《詩・周頌》曰：「思文后稷，克配彼天。」《生民序》曰：「文武之功，起於后稷，故推以配天焉。」是言有功乃可配，無功則不可。故成湯之革夏命，不以其父配天，自是義不可耳，非爲尊不極也。成湯父不配天，其情不失於極。人臣禮所不得，於情豈失極乎？足知經舉周公，言其禮極者耳。若然，古之富有天下，莫不以父配天，獨以周公爲辭者，孔子生於周世，運值周衰，郊宗之祀，周公所定。作《孝經》者，將以迋拯頹獘，追蹤盛美，故近舉周公以爲大教。且禹雖以父配天，又非賢聖；成湯不以父配；文、武未致太平，制禮定法；唯有周公，親能行此莫大義，故曰「則其人」也。

傳「凡禘」至「配食焉」

議曰：《禮記·祭法》歷言虞、夏、殷、周禘郊祖宗之法，以此有「郊祀」，因廣解《祭法》，以辨「郊」爲祀名也。彼鄭注云：「禘謂祭昊天於圜丘也。祭上帝於南郊曰郊。祭五帝五神於明堂曰祖宗。」鄭玄以緯説經，言：「昊天大帝以外，更有靈威仰等五方之帝。周人冬至祭昊天於圜丘，以帝嚳配之；夏正祭感生之帝於南郊，以后稷配之；季秋又大享五帝於明堂，以文、武配之。禘、郊、宗俱皆爲祭天之事，嚳、稷、文、武爲所配之人。」王肅以爲：「郊即圓丘，圓丘即郊。禘謂五年大祭，特祭其祖之所自出，還以其祖配之。后稷，帝嚳之曹，故周人禘嚳。王者祖有功，宗有德。文、武以功德而廟不毁，故爲周之祖宗。唯『郊』爲祭天，其『禘』與『祖宗』非天祭也。」此傳云「后稷於圓丘」，則以郊、丘爲一，當如王肅所解，無五方之帝感生之事。故傳云「皆祭祀之别名」，不言「祭天之别名」，知孔意不以「禘」「宗」爲祭天也。天子受命於天，故天子祭天。《公羊傳》亦云「天子祭天，諸侯祭土」是也。《祭法》既歷序諸祭，乃云「非此族也，不在祀典」。郊天之禮，周公所定，故云「周公攝政，制之祀典」。以天無形，因人爲主，推人道以事之，故云「於祭天之時，后稷佑坐而配食焉」。佑，助也，言對坐而助神食也。經意指説「嚴父」，而遠言后稷者，以其「德厚者流光」，反本者統始。后稷，周公之始祖，文、武、周公成業，以孝於其父，故遠宗其祖，皆是尊嚴之事，所以並述之焉也。

傳「上言」至「圓丘」

議曰：「宗」訓尊也。「郊」者言其祭處，「宗」者言其尊崇，亦以相通。見其俱有祭處，皆是尊崇，故云「取名雖殊，其義一也」。《左傳》曰：「《周志》有之：『勇則害上，不登於明堂。』」杜預云：「明堂也，所以崇功序德，故不義之士不得升之。」《明堂位》曰：「明堂也者，所以明諸侯之尊卑。」是明堂爲「禮義之堂」也。又曰：「武王崩，成王幼，周公踐天子之位以治天下，六年朝諸侯於明堂，制禮作樂，頒度量而天下大服。」是「周公所於朝諸侯」也。上經既言「配天」，引人以證其事，故於后稷言「配天」，所以同上文也。於文王不可重言「配天」，故變稱「以配上帝」，其實天、帝不異，故云「上帝亦天也」。王肅以爲：「郊丘所祭指祭上天，而天有金木水火土，以五方祭之，謂之五帝。」《古文尚書·舜典》説「受終於文祖，肆類於上帝」，孔傳云：「遂以攝告天、帝。」則孔解帝、天之義，亦如王肅之説。天之與帝，其義實同，俱是配享，而有二處，文王於明堂，后稷於圓丘。處異，異其文耳。此經設文參差不等，准上句，則此句當云「明堂祀文王以配上帝」；如此句，則上句當云「宗祀后稷於郊以配天」。文不同者，「郊」是祀名，得言「郊祀后稷」；「明堂」非祀名，不得言「明堂祀文王」。「明堂」之文宜見於下，故於「祀」之上以「宗」配之，兼見「郊祀后稷」亦宗之也。明堂所在，經傳無文。賈逵、蔡雍、盧植、杜預以爲明堂、祖廟同實異名。鄭玄以爲明堂在國之陽七里之内。未知孔意與誰同也。《周禮・大司樂》説祭天之樂云「冬日至於地上之圓丘奏之」，止言「地上」，不斥所在。《禮運》曰：「祭帝於郊，所以定天位。」《郊特牲》曰：「於郊，故謂之郊。」孔以郊、丘爲一，則圓丘在郊，與明堂異處。天既不二，而二處祭者，以天神尊嚴，不敢褻近，故於高顯之處以爲常祀，於冬至祭之，又啟蟄郊之。但造化之功，照臨之惠，欲報之德，於心未盡，又於禮義之堂而別更祭之。《月令・季秋》云「是月也，大享帝」，鄭玄以《月令》爲秦世之書，未知周以何月。雖月不可定，必有時大享，故云「宗祀文王於明堂也」。「宗祀」者，直言尊文王而祀之耳，非《祭法》之「宗」也。且《祭法》「宗武王」，不宗文王也。

傳「人主」至「孝〔一〕乎」

議曰：傳解來祭之意，由人主以孝道化民，於物無私，則民一心而奉其上，故海内皆來也。「非以威烈，以忠愛」者，言自感德而來，非以强力服之也。以周公身非正主，故云「秉〔二〕人君之權」「處人主之勢」。民所以和，由臣宣其化，故既言「必用之民」，又言「必服之臣」。「臣」即諸侯身也。《尚書大傳》説周公朝諸侯，因率之以祀宗廟，云「諸侯退見文、武之尸者千七百七十三國」，是「海内公侯奉其職貢，咸來助祭」也。

傳「育之」至「嚴焉」

議曰：「育」亦養也。此言「親生育之」，即是下章「父母生之」。傳言「育

〔一〕「孝」原作「者」，據林校改。
〔二〕「秉」原作「康」，據林校改。

之者父母」，解經「親」。謂父母既生之，又養之，見其恩之大，所以當報之，「故其敬父母之心，乃生於育之之恩」也。既荷生育之恩，故當盡其愛敬，「是以愛養其父母，而致尊嚴焉」。尊而養之，故名之曰「嚴」。經以止言「嚴父」，説其爲嚴之意，故云「日嚴」以結之。經云「生育」，猶《詩》「載生載育」之類；傳云「生於育之恩」，猶《管子》「讓生於有餘，争生於不足」之類。傳所言「生」，非經之「生」也。

傳「言其」至「之心也」

議曰：人於天地之性，自有尊親之心。聖人因其本心，隨而設教，故云「言其不失於人情也」。上文止有尊嚴，未有親愛。既言「因嚴教敬」，遂言「因親教愛」者，感生育之恩，所以報養；愛養之至，所以成嚴。「嚴」「親」終是相將，「愛」「敬」體用不別。推尊於嚴，以爲孝之極；因敬説以愛，見孝之盡。明其「愛」「敬」相因，所以兼言之也。

傳「凡聖」至「性故也」

議曰：「不肅而成」「不嚴而治」，辭與上章正同，而重出文者，上言法天地以設教，順民心以施化，主言化之易行；此言人本自有此心，聖人因而設教之，主言教之易就。其於不須嚴、肅，義亦一也。但彼主於易化，此主於易成，故重其文耳。上章言「其教」，此云「聖人之教」者，此美聖人之有善教，以「其所因者」結之，不得不重起「聖人」故也。

父母生績章

「子曰父子」至「重焉」卌字

議曰：上章既言感荷生育、敬養父母，故此章復述父子之恩、尊嚴之義。言父子相於之道，乃是天生自然之恒性也。其以尊嚴臨子，親愛事父母，又是君臣上下之大義也。言父之於子，有父之親，有君之尊。以尊、親俱至，故愛、敬兼極。又重説之，爲父爲〔一〕母，生之養之，以至於長大，其功績無有大此者焉；爲君爲親，臨之教之，以至於成就，其隆厚無有重此者焉。其爲重大如是，故不可不盡愛、敬，由述上章「教敬」「教愛」之意也。

傳「言父」至「篤之」

議曰：此經「父子」連文，明是相於之道，故言「父慈而教，子愛而箴」也。教者誨所未知，箴者匡其已失。箴、教詭其情欲，前人之所難聞，慈愛者或不忍爲之。故言雖慈猶教，雖愛猶箴，此則天情相愛，而欲其爲善也。「篤」者厚也。情之薄者，加意使之隆厚。此愛子、敬父之情，出於人之中心，乃其天情自厚，非由篤之使然也。

傳「親愛」至「之事也」

〔一〕「爲」原作「母」，據林校改。

議曰：經意言父子之道是天性也，又是「君臣之義」也。性之與義，俱説父子之道。傳解父子之道似君臣之意，以親愛是父子之道，尊嚴是君臣之義故也。言「相加」者，雖孝不待慈，慈實生孝。由父以親愛加己，己亦親愛於父，交相親愛，故言「相」也。尊嚴有唯子當尊父，父不尊子，故直言「尊嚴之」，而不言「相」也。上章云「兼之者父也」，兼君道。此言父有君義，傳顧之彼文，故云「此又可以爲兼之事也」。其天性、君義，母與父同，但既以「父子」相對，於父不得容「母」，非謂母非天性也。《易》曰：「家人有嚴君焉，父母之謂也。」是父之與母俱有君義。傳以經無「母」文，故據文説耳。王肅云：「父子相對，又有君臣之義。」其意與孔同也。

傳「續功」至「由然也」

議曰：「續，功」，《釋詁》文。《詩·蓼莪》云：「父兮生我，母兮畜我，撫我育我，顧我復我。」傳取彼爲説，故言「父之生子」，而辭不及母。其實撫覆育養、顧視反復，乃母功爲多也。《漢書》稱高祖欲廢大子，叔孫通諫曰：「呂后與陛下攻苦食淡，不可背之。」「功苦」謂擊苦也，言其共匡貧賤，啜苦物，食淡味。母之養子，既撫育顧復，又食苦吐甘，故云「攻苦之功，無有大焉者也」。「君親臨之」，親亦謂君。本言君之臨己有父之親，今又取君之事以比於父，言父於子有君之尊，有君之親，故云「有君親之愛，臨長其子」。王肅云「以君之尊臨正己，以親之愛臨加己」，其意與孔同也。以上句既言「父母」，知「君親」皆謂君也。「臨長其子」謂教使成就。「恩情之厚，無有重焉者也」，經意説其重、大，言子當竭力報之。夫以父子之親，尚須計功報答，況乎君臣之疎，豈得不計功也？上章於天子言「德教加於百姓」，於諸侯言「和其民人」，故傳推其父子之情，致於君臣之道，欲合君之厚民，故因此廣説報答之事。

孝優劣章

「子曰不愛」至「不忒」百廿字

議曰：上章既言父母功大恩厚，子當以愛敬報答；又《天子章》言天子愛親敬親，德教加於百姓，故此説不可不爲敬愛，又當慎言行德度，以昭臨在下，終彼「德教加民」之意。言爲人君者，當愛敬其親，以施化於下。若人君不自愛其己之親，而敬他人者，謂之爲悖亂之德也；不自敬己之親，而敬他人之，謂之爲悖亂之禮也。以此悖德、悖禮教訓下民，則爲昏亂之教。上行昏亂之教，則下民無所法焉。人君必其行此，其事不居於善，而皆在於凶惡之德。以此凶德居於尊位，雖復得志行意，君子賢人所不肯從而爲之也。若君子之人，則爲行不然。其出言也，思其可得道，説乃始道之；其爲行也，思其可使愛樂，乃始行之。其立〔一〕德義，必使可尊敬；其所作事，必使可法象。容止舉動，使足可觀望；進退動靜，使足可法度。每事得所，以此居民之上，照臨其民，是以其民皆畏服而親愛之，法則而放象之。爲民所愛象，則告從令行，故

〔一〕「立」原作「五」，據林校、程《校補》改。

能成就其德教，施行其政令。天子所以「德教加於百姓，刑于四海」者，皆用此道也。仍引《詩》言：善人君子，内外相稱。内有其德，外見於儀。其爲威儀，不有差忒之時。是由德行、容貌皆得其所，故美之也。

傳「盡愛」至「德禮也」

議曰：人之爲行，當自近至遠，從尊及卑。親爲己之極，孝爲行之本，故當先行於親，後施於人。經之所言，乃是薄親而厚人，棄本而事末。傳先舉其善，以形出其悖，故言：「盡愛敬之道，以事其親，然後施之人，此是孝之本也。違是先親後人之道，則是悖亂德、禮也。」悖謂心亂也。得其事宜，乃名爲德；履其法度，乃名爲禮。非法失宜，則是悖德、悖禮。悖德、悖禮猶如凶德惡德、淫樂慝禮，故言「謂之」也。世人之道，必先親後疎，重近輕遠。不能愛敬其親，而能愛敬他人，自古以來恐無此比。而仲尼以爲言者，苛虐之主、邪〔一〕僻

〔一〕「邪」原作「耶」，據林校改。

之君，忘王業之艱難，棄社稷之大計，縱恣頑心，好諂好佞，昵近小人，是崇是長。漢靈帝以張讓爲翁，漢哀帝以董賢爲舜，至於窮爵位以窮〔一〕姦回，傾帑藏以奉淫孽者，三代以降，無世世無之者。昔齊桓公有嬖臣二人，曰豎貂、易牙。桓公好内，豎貂自刑求寵；桓公嗜味，易牙蒸子以獻。及管仲將卒，桓公問嗣其業者，曰：「豎貂何如？」管仲曰：「身之不愛，何有於君？」曰：「易牙何如？」曰：「子之不愛，何有於君？」彼二人者，以好利貪寵之故，乃不愛其子，不愛其身，豈能愛其親乎？由此言之，悖禮、悖德蓋亦多矣，非聖人之虚談也。

傳「度居」至「凶德也」

議曰：「度」之爲居，書傳常訓。凶之與善，總結上文，故以上事解之。「在」亦居也，故曰「不居於善，皆居凶德」也。

傳「得志」至「食禄也」

〔一〕林校據《尚書・泰誓》「崇信姦回」之文，疑此「窮」字乃「崇」之譌。

議曰：此「得志」者，即上「以訓」之人也。「得志」謂志之所欲，人莫違之，得自行己德，故云「謂居位行意〔一〕也」。所以求富貴者，爲求行道以成名譽耳。若不義而富且貴，則荷負惡名，於身有損，故「於我如浮雲」。言其「無潤澤」，故君子不肯從而爲之。君子居位，冀有善政。「以言邦無善政」，則君子所恥，故不肯苟且居位，貪昧食禄。《王制》曰：「君十卿禄。」是人君稱「食禄」也。或以爲惡人得志，則君子賢臣不肯從而仕官。傳言「邦無善政，不昧食禄」，即《論語》所謂「邦无道，富且貴焉，恥也」，傳意似然。知不然者，「以訓則昏」，謂爲君以訓下也；「得志」「弗從」，謂不肯從此志也。若爲臣之從君，則不須言君志得否，何以云「雖得志」也？且此「君子弗從」，下句云「君子則弗然」，猶是一「君子」也。下句君子言「以臨其民」，則此句「君子」亦是臨民之人，復安得爲臣仕君也？又下傳云「不爲苟求富貴」，即此「不昧食禄」也。下句是人君，

〔一〕程《校補》云：「此『意』宜作『德』。」

則此句亦人君，故知傳意不以爲臣從君也。

傳「言則」至「可行也」

議曰：《論語》云：「言忠信，行篤敬，雖蠻貊之邦行矣。」故知「言思」、「行思」是「言則思忠，行則思敬」也。「可道」謂可道説也。「可樂」謂可愛樂也。王肅云：「思使其言可名道，思使其行可愛樂也。」傳順經文，云「思可道之言」，則亦當云「思可樂之行」，而云「思可行之事」者，以「可樂之行」必見於其事，故變稱「事」。「言必信，行必果」，亦《論語》文也。君子恥有其言而無其行，行必果次爲之，故云「果」也。此「可道」「可樂」，即《大夫章》之「法言」「德行」，故取上文以説之。此「言」「行」等六事爲次者，以出言而後行從，故先「言」而「行」次之。言、行所成，是爲「德義」；身有德義，乃能作制。故以「德義」「作事」，次「言」「行」也。内有法度，乃外見容貌，故「容止」「進退」，文見於後。俱用訓下，故以「臨民」結之。

傳「立德」至「可法」

議曰：「德」者得於理，「義」者宜其事，總六德之目，爲言、行之符。得理在於身，宜事見於外，故云「立德行義」。「不違道正，故可尊」，謂行之於身，可使人所尊望也。「作」謂有所造立，「事」謂有所施爲，總百物之端，爲器用之式。造作興於己，成器施於物，故言「制作事業」。「動得物宜，故可法」，謂作之於己，可使人所法象也。《易》曰：「法象莫大於天地，變通莫大於四時。備物致用，立成器以爲天下利，莫大於聖人。是故形而上者謂之道，形而下者謂之器，化而裁之謂之變，推而行之謂之通，舉而措之天下之民，謂之事業。」是言聖人法象天地，制作事業，以布諸天下，又使天下之民法象之也。

傳「容止」至「禮法也」

議曰：「容止」謂貌有光華，「進退」謂狀行有去就。狀貌爲容，佇立爲止，故云「容止，威儀也」。趣時爲進，止舍爲退，故云「進退，動靜也」。「容止」以形貌爲言，「進退」以心行爲言，其實有異，故傳以「俯仰」解容止，以「舉止」解進退，是其不得同也。「正其衣冠，尊其瞻視」，《論語》文。《玉藻》曰：「周旋中規，折旋中矩。」故「俯仰曲折，必合規矩，則可觀矣」。趣舍之宜，或進或退，故「進退周旋，不越法，則可度矣」。「度者，其禮法」，言動必合禮，乃爲法度也。動有法度，乃可觀望；有可觀望，乃成法度。「可觀」「可度」，亦相通矣。

傳「以者」至「儀焉」

議曰：「以臨其民」，謂以上六事臨君下民，故云「以者，以君子言行、德義、進退之事也」。襄卅一年《左傳》衛侯問於北宫文子，言「何謂威儀」，對曰：「有威而可畏謂之威，有儀而可象謂之儀。君有君之威儀，其臣『畏而愛之，則而象之』。」文與此同，故取彼爲説。「整齊嚴栗」則威可畏，故「民畏之」；「温良寬厚」則德可懷，故「民愛之」。畏則民皆用命，愛之則民皆親主。

民親而用命，則所圖無不就，故人君之道成矣。「君有威儀」以下，皆《左傳》文也。

傳「上率」至「相固也」

議曰：以上六事臨民，是「率身以正下」也。其民愛之，象之，是「順上而不違」也。「德教」謂以德教下，下奉其教，是「德教成」也。「政令」謂以政令民，民從其政，是「政令行」也。既教成、政行，則下不叛上。君能行之，則「能有其國家」；臣能行之，則「能守其官職」。經之所説雖主君，人臣所行事亦當爾，故取《左傳》以終説之。「有其國家」以下，皆《左傳》文，唯「供祀」彼爲「宜家」。孔以《大夫》之章云「守其宗廟」，避上「國家」之字，故以「供祀」易之。「順是以下」，言至於士庶皆當慎儀也。

傳「國風」至「上義也」

議曰：如傳流例，當云「《詩・國風》」，但須有「曹」字，故退「詩」於下。

「威儀無差忒」，即是「可觀」「可度」，故引之所以明上義也。

紀孝行章

「子曰孝子」至「弗孝也」九十一字

議曰：上章言必當愛敬，故復説愛敬事親。首章云「始於事親」「不敢毁傷」，故陳事親之義、毁傷之戒以遥結之。言孝子之承事其親也，平居則致其虔恭之敬，供養則致其懽愛之樂，親疾則其致〔一〕慘悴之憂，親喪則致其哭泣之哀，設祭則致其齊肅之嚴。孝子行此五者備具矣，然後謂之爲「能事其親」。既須竭志盡誠，又當保身遠害。善事其親者，居人之上則不敢驕慢，當莊敬以臨下也；爲人之下則不敢亂命，當恭謹以奉上也，在醜類之間則不敢忿争，當

〔一〕林校云：「以下句推之，『其致』二字誤倒。」

和順以從衆也。如此乃得免於刑戮，不被毁傷。更及〔一〕以申之：若居上而驕，則滅亡隨之；爲下而亂，則刑罰及之；在醜而争，則兵刃加之。此驕、亂、争三者在於身心而不除去，雖每日用三牲供養，固當爲不孝之人也。何則？憂累其親，雖甘肥無益，必盡力全身乃爲孝耳。

傳「虔恭」至「之節也」

議曰：「虔」亦敬也。《左傳》稱公鉏然閔子馬〔二〕之言「敬恭朝夕」是也。「朝夕」謂無時暫止。「致」者進達之意。「虔恭朝夕」是敬也。「盡其懽愛」是樂也。「和顔悦色」，致愛之容也。下傳三事各言「所謂」，此以一「謂」解二事者，「養」謂承事奉養，非徒供進飲食，與「居」同時，其節不異，故以一「謂」冠之。此經上句「敬」爲末，下句「養」爲首，傳言「致養父母，孝敬之節」，只以相

〔一〕林校云：「『及』當作『反』」。
〔二〕「馬」原作「騫」，據林校改。

見，明居、養同時也。

傳「父母」至「其嚴也」

議曰：《詩》云「憂心慘慘」，又曰「僕夫况悴」，是「慘悴」爲憂之貌也。《金縢》曰：「武王有疾，周〔一〕公曰：『我其爲王穆卜。』」《士喪禮》將死，「分禱五祀」。《論語》云：「子疾病，子路請禱。」《曲禮》曰：「親有疾，飲藥，子先嘗之。」《文王世子》曰：「文王有疾，武王不脱冠帶而養。文王一飯，武王亦一飯；文王再飯，武王再飯。」「王季有不安節，則文王色憂，行不能正履。」是傳所據之文也。「憂心慘悴」爲總目，故先言之。「卜禱嘗藥」，主爲病者。衣食行步，孝子之身，故以次陳之。親始死，先哭而後制服，比至於葬終，常食粥，故於「卜兆祖葬」之上以次言之。「親」文兼於父母，獨言「斬衰」，舉重也。傳以「虞」爲凶祭之始，「四時」者吉祭之常，故總以爲「祭則致其嚴」。此等諸事

〔一〕林校云：「《尚書·金縢》『周』作『二』，是也。」

皆見於《禮記》。炫案：虞、祔、練祥之祭，主人哭以行禮，未暇展嚴恪之敬。練祥之前當在「致哀」之限，唯四時之祭乃得盡敬心耳。傳并以虞、祔、練祥與四時之祭同爲「致嚴」，其言非經旨也。

傳「五者」至「其親也」

議曰：「奉生之道二」，居也，養也；「事死之道三」，疾也，喪也，祭也。王邵以爲「疾」屬生，不屬死，當云「奉生之道三」。劉焯以爲人神大分，氣絶爲限，以「疾」爲死，未有是處，古之人安有猶生而死其親哉？謂改之爲允。炫案：《士喪禮》《喪大記》將述死事，皆以「疾」爲首。孔傳分此五者，合上二下三，「疾」雖非死，與「喪」共傳。蓋以將死疾篤，故同之「死」焉。既以爲疑，且存其舊也。

傳「上上」至「和順也」

議曰：《諸侯章》云「在上不驕」者，其文主於國君。此云「在上」，謂凡在人上，雖父兄之於子弟，庶人之於臣妾，皆是在於其上，故總以「上位」解之。《釋詁》云：「醜，衆也。」《曲禮》曰：「在醜夷不争。」「夷」謂齊等也。衆人齊等也，故爲「群類」。天子一人，尊莫與二；公侯以下，皆有等類。則「在醜」之文，自諸侯以下也。「驕」謂恃貴淩物，慢人自尊，故「不驕」爲「善接下」也。亂之大者，則暴弑干紀，小則違背教令，故「不亂」爲「奉上令」也。争之大者則戰鬥殺傷，小〔一〕則獄訟忿鬩，故不争爲務和順也。

傳「驕而」至「見及也」

議曰：無禮爲驕，不恭爲亂，不讓爲争，故各以其類而反之也。「亡」謂喪滅，言下叛而失位也。「刑」謂刑罰，言得罪而損身也。「兵」謂兵刃，言見害於仇敵也。敵或手自刃〔二〕之，不至官府，故云「兵刃見及」也。

〔一〕「小」原作「少」，據林校改。

〔二〕「刃」原作「刀」，據林校改。

傳「三者」至「孝也」

議曰：「五者備矣」，上無「此」字，「三者」之上有「此」字者，以三者爲害之深，必須除去，故言「此」以案之，言「雖」以決之。應無之物，必須除去，未行之事，故爲「在身」也。《釋言》「猶」訓「尚」也，言猶尚如此，即固當爲然，故以「猶」爲「固」也。天子之禮，可日食大牢，諸侯以下膳食有度。此章之文不主天子，而云日殺三牲養者，欲見此爲深害，故舉極養言之。

五刑章

「子曰五刑」至「之道也」卅七字

議曰：上章既言不孝，故又陳不孝之罪，以爲亂亡之戒。言五刑之類屬，有三千條也，而三千之罪，無有大於不孝者。言三千之罪，不孝最大也。要脅君上者，此有無上之心也；非毀聖人者，此有無法之心也；非毀孝道者，此有無親之心也。君者，臣所諮稟，而要脅之；聖者，人所取法；孝者，行之宗本，而非毀之，此乃是大亂之道也。亂之尤大，當致之極刑，故三千之罪，此最爲大。遵聖之法，以孝事君。要君非聖，亦是不孝，故以「大亂」總之。

傳「五刑」至「三千也」

議曰：「五刑之屬三千」，本是《吕刑》之文，夫子據而爲説，故傳具引《吕刑》以解之。五刑名及千百之數，皆《吕刑》正文。「刻顙」「斷足」之類，孔以狀説之耳。《吕刑》之文，有「辟」有「罰」，辟謂致其罪，罰謂受其贖。實則辟之，類則罰之。彼歷陳五辟疑赦，然後更陳罰數云：「墨罰之屬千，劓罰之屬千，剕罰之屬五百，宫罰之屬三百，大辟之屬二百，五刑之屬三千。」孔傳云：「別言『罰屬』，合言『刑屬』，明刑、罰同屬，互見其義以相備也。」然則「辟」「罰」雖殊，其數不異，故此傳徑以罰屬爲「辟屬」也。《説文》：「顈，額也。」墨一名黥，鄭玄《周禮注》云：「墨，黥也，先刻其面，以墨窒之。」言刻額爲瘡，以墨塞瘡孔，令變其色也。孔《書》傳云：「劓，截其鼻也。」此云「肌」者，鼻在於面，身之肌膚，故變稱「肌」也。「剕」字，《尚書》作「剕」，孔傳云：「刖足曰剕。」《釋言》云：「跸，刖也。」李巡云：「斷足曰刖也。」《説文》：「刖，絶也。」則「剕」「刖」是斷絶之名也，故「斷其足也」。孔《書》傳云：「宫，淫刑也。男子割勢，婦人幽閉。」此舉男略女，故唯言「割其勢」耳。《釋詁》「辟」訓「罪也」，死是罪之大者，故稱「大辟」焉。舊説：五刑象五行，五行相生則爲禮，相刻則爲刑。劓法木，木勝土，决其皮革。墨法火，火勝金，敗其本色也。扉法金，金勝木，去其節目也。宫法土，土勝水，去其勢，猶土偃水也。大辟法水，水勝火，故滅其命也。《周禮》：「司刑掌五刑之法，以麗萬民之罪，墨罪五百，劓罪五百，宫罪五百，刖罪五百，殺罪五百。」大數二千五百，每刑五有多少。《吕刑》所陳乃是夏法，三王異禮，而刑亦不同，世輕世重，故名數有異。孔子生周世，不以周法爲言者，因〔一〕《吕刑》有此成文，三千又是大數，雖復二千五百，亦得謂之「三千」。意在不孝之罪，非爲主論刑罰，故以「三千」言耳，非是故爲捨周而遠言夏制也。三千之條，經典亡滅，不知其何所陳也。鄭玄《周禮注》引《尚書》解曰：「决關梁、踰城郭而略盜者，其刑臏。男女不以義交者，其刑宫。觸易君命、革輿服制度、姦軌傷人者，其刑劓。非事而事之，出入不以道義而誦習不詳之辭者，其刑墨。降叛、寇賊、劫略、奪攘、撟虔者，其刑死。此二千五百罪之目略也。」「臏」與「剕」，一罪而異名。「臏」，腳下骨，謂斷去其骨也。

傳「言不」至「之比」也

議曰：「言不孝之罪大於三千之刑」，謂三千之中，此罪最大，故傳即云「謂驕、亂、争之比」，言驕、亂之類，是不孝罪也。王肅云「三千之刑，不孝之罪

〔一〕「因」原作「困」，據林校改。

最甚大」，其意亦以爲不孝之罪在三千内矣。江左名臣袁宏、謝安、王獻之、殷仲文之徒，皆云：「五刑之罪可得而名。不孝之罪不可得名，故在三千之外。」近世儒生共遵此旨。炫案：上章云「此三者不除，雖日用三牲養，猶爲不孝」，此章承之，即云「罪莫大於不孝」，則不孝之罪還是驕、亂之比。驕、亂之罪，豈得在三千外乎？若驕、亂之罪不在三千，則三千之條何所誅也？且以上經類之，「人之行莫大於孝」，孝者行在〔二〕之中矣；「孝莫大於嚴父」，「嚴父」在「孝」中矣；「嚴父莫大於配天」，「配天」在「嚴父」中矣。此云「五刑三千」，而罪莫大於不孝」，則不孝亦當在三千中矣，復安得在三千外也？或以爲《禮記·檀弓》云「邾婁定公之時有弑其父者，公懼然失席曰：寡人嘗學斷斯獄矣，殺其人，壞其室，洿其宮而瀦焉」，此事在三千條外。斯不然矣。三千之條，經典亡滅，安知此事在三千外乎？若三千不載，則法所不傳，定公何所諮承而云「學斷」

〔二〕林校云：「祕本『行在』作『在行』，是也。」

之乎？且孝雖事親之名，乃是百行之本。行乖其道，皆是不孝。豈要擊母殺父始爲不孝者哉？若行乖孝道，即不在刑，則三千之刑無可刑矣。

傳「要謂」至「之甚矣」

議曰：「要」謂意有所欲，約勒在上，使之從己也，故「要謂約勒」也。君者號令之主，臣之所稟命也，而反要之，「此有無上之心者也」。聖人制作法度，所以治天下也，而非毁之，「此有無法之心者也」。孝於父母，是親愛之至極也，而非毁之，「有無親之心者也」。經於「不孝」之下歷陳三事，言此三事「皆不孝之甚者也」。君是所事之主，要束其身，故云「要」也。聖是作法之名，孝是爲行之稱，無身可要束，唯理可非毁，故云「非」也。君在臣上，故言「無上」；聖作法度，故云「無法」；孝主親愛，故言「無親」。皆言不以爲意，雖有若無也。此「親」謂心所親愛，非指斥父母。物之尤可親者，無有過於父母。孝者事父之名，是爲親之至極，故云「親之至」也。非毁孝行則無心親父，父且不親，更親誰乎？故非孝者，是本無親愛之心，言心内無親愛之性也。君者治世之主，其治用聖之法，爲法教人行孝。不孝以愛〔一〕刑者，既不遵聖法，又不用君命令，故從君而以次言也。臧紇據邑叛君，以請立後，是「要君」也。田巴罪五帝、毀三王，是「非聖」也。路粹之誣孔融，言父母與人無親，譬如寄法瓶中耳，若爲此言者，是「非孝」者也。

傳「此無」至「臣民也」

議曰：「此」者，此上三事，故云「此無上、無法、無親也」。非孝是「不恥不仁」，要君是「不畏不義」。《易·繫辭》云：「子曰：小〔二〕人不恥不仁，不畏不義，不見利不勸，不威不懲。小懲而大戒，此小人之福也。」小人爲惡，當威以懲之，故「大亂之本不可不絶」，以此爲五刑之最甚也。「亂之所生，生於不

〔一〕林校云：「『愛』當作『受』」。
〔二〕「小」原作「少」，據林校改。

祥」，祥，善也。自此以下，意皆出於《韓子》。《韓子》云：「人臣非離法專制，則無以爲威。」人臣作威，是人主之患，故「有司離法而專制，則不祥也」。「法者至道」，言是至德要道也。聖君作法，「所以爲天下軌儀，存亡治亂之所出」，言用之則存治，不用則亂亡也。鄭玄《詩箋》《論語注》皆云「發，行也」。「君臣上下皆發焉」，言共行之也。「存其私」「便〔一〕其親」，皆謂遠背公法而曲相阿黨也。「能從法者臣民」，謂民之善者，能順從上法也。准上句言「明君」「忠臣」，則此當説良善之意。「臣」字似誤，但不知所以改之耳。

廣要道章

「子曰教民」至「要道」八十一字

〔一〕「便」原作「使」，據林校改。

議曰：上章既言不孝之罪在於極刑，聖人教之爲孝，使之免罪，故此章説爲教之法，終首章「要道」之言也。言爲人君者，欲教民使情相親愛，莫善於先教之以孝也；欲教民使以禮相順，莫善於先教之以悌也；若欲移棄衰風，易去惡俗，莫善於先教之以樂也；若欲安全在上，治理下民，莫善於先教之以禮也。禮之大要，在於敬而已矣。言爲禮者，本爲施以悦人耳。故王者以孝道教民，使敬其父，則爲子者皆悦也；以悌道教民，使敬其兄，則爲弟者皆悦也；以臣道教民，使敬其君，則爲臣者皆悦也。設教者唯言「敬父」「敬兄」「敬君」，聞之者爲子、爲弟、爲臣，莫不喜悦。所敬者唯是一人，而千萬人皆悦也。所敬者寡少，而喜悦者衆多，以少管衆，此之謂要約之道也。首章略言「要道」，故於此申而説之。

傳「孝者」至「以孝也」

議曰：「教民親愛」者，謂教訓下民使情相親愛，非獨使之親愛其父母也。

而「孝」者事父母之名，非是施他人之稱。傳解其以孝教民，得使相親之意。上章云「愛親者不敢惡於人」，言當恕以及物也。「孝者，愛其親以及人之親」，恕己及人，無所不愛，故「孝行著而愛人之心在於身焉」。人人皆有愛心，自然情相親愛，「故欲民之自相親愛，則無善於先教之以孝也」。《天子》之章言「不敢惡於人」者，總謂不惡他人，非獨不惡人親；此傳云「以及人之親」者，以彼親、己親相對爲言耳，非謂爲彼之父乃愛之，爲彼之子則不愛也。下傳云「敬其兄以及人之長」，義亦然也。

傳「弟者」至「以弟也」

議曰：「敬其兄以及人之長」，亦言恕以及物也。既能内敬其兄，則亦外敬人長，故「能弟者則能敬順於人」也。人皆有順心，自然以禮相順，「故欲民之以禮相順，則無有善於先教之以弟也」。上傳云「愛人之心」，此云「敬順人」者，親愛出己之心，敬順施人之事，故變其文耳。上云「相親愛」，此不云「相禮順」者，「親」者率己之心，與「愛」不異，故「親愛」共文；「禮」者形器之物，「順」當以禮爲法，故言「以禮相順」。禮即敬也。禮雖以敬爲主，而禮名有廣於敬，欲見依禮相順，故變「敬」而稱「禮」焉。上章「愛」「敬」並爲「孝」，君敬重於親；今以「愛」施於「孝」「敬」施於「弟」者，愛、敬之道，無所不施，極則在於君親，輕則加於草木。既分「孝」出「弟」，見行有等衰，故以「愛」配「孝」，而以「敬」屬「弟」，其實愛、敬恒相兼也。

傳「風化」至「之故也」

議曰：上之化下，若風之吹物，故以「風」爲「化」也。俗所共行，則爲常道，故以「俗」爲「常」也。王者創業垂統，莫不治致升平。但教怠則衰，物久則弊，政荒於上，俗亂於下，無復太平之化，更以衰弊爲常。「移」「易」皆轉從之言。欲移去其惡，必易之以善，故言「移太平之化，易衰弊之常」，謂移取昔之善風，以代今之惡俗也。《漢書・地理志》曰：「凡民性有剛柔緩急。音聲不同，繫水土之風氣，故謂之『風』。好惡取舍，動靖無常，隨君上之情欲，故謂之『俗』。聖王在上，統理人倫，必移其本而易其末，一之乎中和，然後風教成也。」故意亦言風隨政改，俗從君變，故須以善代惡，其意與此同也。「樂」者總五聲以爲名，故爲「五聲之主」也。《樂記〔一〕》曰：「樂在宗廟之中，君臣上下同聽之，則莫不和敬；在族長鄉里之中，長幼同聽之，則莫不和順；在閨門之內，父子兄弟同聽之，則莫不和親。故樂者，所以合〔二〕和父子君臣、附親萬民也。」子曰：「樂由中出，禮自外作。」是樂可以「盪滌人心，使和易專壹，由中情出」也。「屏息靖聽，深思遠慮」者，雖不識音，觀樂之作，專意於聽，則思慮自深也。「脩〔三〕宮商而變節，隨角徵以改操」者，人既解樂，自感人心，遂〔四〕音移

〔一〕「記」原作「禮」，據林校改。
〔二〕「合」原作「令」，據林校改。
〔三〕程校補云：「日傳本《古文孝經孔傳》作『循宮商而變節』。案下文作『隨角徵以改操』，『隨』與『循』對文，故當作『循』。」
〔四〕林校云：「『遂』當作『逐』。」

故，變惡遷善。「宮商」「角徵」，雜而成音，分其文，使相對耳。「變節」「改操」，俱是去惡從善之語，義不異也。《樂記》曰：「民有血氣心知之性，而無有哀樂喜怒之常。」「樂者，聖人所樂也，而可以善民心。其感人深，其移風易俗，故先王著其教焉。」是「古之〔一〕教民，莫不以樂」，以爲樂之爲道，無可以加尚之故也。

傳「言禮」至「成焉」

議曰：先王設教，雖有多品，其意皆在「安上治民」而已，此孝、悌、樂、禮皆云「莫善」，各指一行，爲莫過者耳。「孝」「弟」與「樂」皆「禮」内之别，故並舉四事而最後言「禮」，以「禮」可以總上三事故也。且《孝經》主説孝事，故先以孝、弟爲言，推之以至於禮。孝是立行之名，禮爲行成之稱。既推致於禮，又就禮説孝。下句言「禮者敬而已」。「敬父則子悦，敬兄則弟悦」，於禮、敬之内説

〔一〕「之」原作「文」，據林校改。

事父母、事兄，欲明人行孝弟以爲禮，禮用孝弟以成名，故「言禮最其善」者，謂四事之中禮最善也。所以最爲善者，以其是「孝悌之實用」也，不言樂，從可知也。《曲禮》曰「君臣、上下、父子、兄弟，非禮不定」，《樂記》曰「禮義立則貴賤等矣，樂文同則上下和矣，好惡著則賢不肖别矣」，是「國無禮則上下亂、貴賤争」也。賢與不肖既無分别，自然「賢者失所，不肖者蒙幸」，如是則上不安而民不治矣。是故明王之爲治也：「崇等禮以顯之」，公侯至庶，尊卑各〔一〕有等差，進等則爲顯也。「設爵級以休之」，公於士卿大夫爵有階級，得之則爲美也。《詩·小雅·菁菁者莪》，長育人材之詩也，經曰：「既見君子，我心則休。」休，美也，言見用則爲美也。「班禄賜以勸之」，位高則禄多，功大則賞厚，羡其禄賜，下皆勸樂也。此皆禮之爲也。明王用此以御物，故上安民治而政教成焉。不云「安君」而云「安上」者，言「上」則有「下」，言「民」則有「君」，互相

〔一〕「各」字原重，據林校删其一。

見也。

傳「禮主」至「同歸也」

議曰：《曲禮》云：「無不敬。」是「禮主於敬」也。孝者以愛之極而敬生焉，故云「敬出於孝弟」也。傳言此者，以經因孝説禮，又因禮説孝，明禮、孝義通，故互相發見也。「禮經三百，威儀三千」，《中庸》文也。鄭玄以「禮經」爲《周禮》，「威儀」爲《儀禮》，孔意亦然也。「禮者殊事合敬」，《樂記》文也。經言「而已」，以禮法塗趣雖多，大歸在於一致，言其唯此而已矣。故傳云「異流而同歸」，言其同歸於敬也。

傳「此言」至「其君也」

議曰：「敬其父」「敬其君」者，庶覽經文，似施敬於彼人君、父之身，而彼之臣、子悦喜也。義乃不然。何則？敬東家之父而西家之子不悦，敬魯國之君而齊國之臣不悦。假使父有十子，君有百臣，敬一人纔可百千人悦耳，不得爲「千萬人悦」也。且此章之意，主言王者教民。天子之敬物也，輕重有度，位居萬姓之上，自當不慢於人，非是爲子以敬父，爲臣以敬君也。又人臣君之爲政也，雖設教以風化之，「非家至而日見之」，安能每父皆敬以求子之悦，每君皆敬以求臣之悦也？「敬」謂設法敬之，非身親敬之。以子道教天下，是「敬其父」也；以弟道教天下，是「敬其兄」也；以臣道教天下，是「敬其君」也。故云「此言先王以子、弟、臣道化天下，而天下子、弟、臣悦喜也」。教子事父，是尊敬此子之父，其子得無悦乎？教臣事君，是尊敬此臣之君，其臣得無悦乎？是之謂「敬其父」「敬其君」也。下章所言即是申説此事，故列下章解之。

傳「上説」至「及臣也」

議曰：「一人」者，少言之；子〔一〕「千萬」者，多言之。子唯一父，弟唯一兄，臣唯一君，據其子、弟、臣而言，其父、兄、君則各有一人而已，故云「一人者

〔一〕 林校云：「『子』字恐衍。」

各謂其父、兄、君」也。王者施化，唯舉一以教。教之敬父，唯敬一父而已，凡爲父之子者，莫不喜悦也；教之敬兄，唯敬一兄而已，凡爲兄之弟者，莫不喜悦也；教之敬君，唯敬一君而已，凡爲君之臣者，莫不喜悦也。王者以一人爲教，而海内兆民皆悦，乃將不啻千萬人矣，故云「千萬人者，群子、弟及臣也」。

廣至德章

「子曰君子」至「者乎」八十三字

議曰：上章既言敬父、敬君，此又申説其事，言君子之爲人君，其教民以孝也，非家家畢至而日日見而告語之也，直設法以教之耳。教之以孝，「所以敬天下之爲人父者也」，令子事其父，則父見敬矣；教之以悌，「所以敬天下之爲人兄者也」，令弟事其兄，則兄見敬矣；教之以臣，「所以敬天下之爲人君者也」，令臣事其君，則君見敬矣。以此三事教民，民皆奉而行之，可使天下太平，禍亂不作，皆由人君教之故也。乃引《詩》證之，《詩》言有樂易之君子能敬老尊上，慇懃教民，則是民之父母也。既美其事，乃歎而結之，自非至美之德，其誰能訓下民使如此其大者乎？言非是德之至美，不能其大如此，終説首章至美之德也。

傳「此又」至「其化」

議曰：上章言敬父、敬君，末説所以爲敬之事，此章言教民孝弟以敬之，故言「此又所以申明上章之義」也。「君子」者，有德之稱，貴賤通名，雖復帝王之尊，亦可謂之「君子」。《易》稱「君子終日乾乾」，謂天子也；王肅云「可以居天位、子萬民」，是天王稱「君子」，故云「君子亦先王」也。上章遠本古聖，故稱「先王」，此承上爲説，故言「君子」，亦見其名得通也。蛟龍無水則無以〔一〕成神，聖人無民則無以成化，故當教以成之，解其須教之意也。

〔一〕「無以」原作「以無」，據林校乙。

傳「所謂」至「五人焉」

議曰：此章申明上章之義，故傳於三者皆言「所謂」，引上章以解此，明此言爲上章發也。「教以臣」，不言「教以忠」者，「忠」謂盡其忠心，以「臣」謂臣服上命。《禮記》稱「朝覲所以教諸侯之臣」，「臣」亦事人之稱，故云「教以臣」也。經唯三云「教以」而以教之事不明，雖知經典羣言，皆是教此三事，而文緩意遠，無多指斥。傳舉王者之屈己範物尤章著者，以此經居三事之末，故於此總説之焉。《樂記》曰：「食三老、五更於大學，天子袒〔一〕而割牲，執醬而饋，執爵而酳，所以教諸侯之弟〔二〕也。」是「古之帝王父事三老，兄事五更」也。《詩·小雅·楚茨》之篇陳王者祭祀之禮，云「皇尸載起」，是「君事皇尸」也。以父、兄、君之禮事此三人者，所以示天下之民以子、弟、臣人之道，是之謂「教以孝」「教

〔一〕「袒」原作「祖」，據林校改。

〔二〕「教諸侯之弟」原作「教之諸侯弟」，據林校改。

以弟」「教以臣」也。《樂記》止言設食禮以養三老、五更耳，不言以父事、兄事也。成義説云：「天子尊事三老，兄事五更。」應劭《漢官》云：「三老、五更，三代所尊也。天子父事三老，兄事五更，親袒割牲，三公設几，九卿正履。」此二者及《東觀漢記》皆言「父事」「兄事」，則孔氏之前當有書傳云然。《樂記》養三老五更并云教「弟」，此以事三老爲教「孝」者，《樂記》上文云「祀于明堂而民知孝，朝覲然後諸侯知所以臣」，「臣」「孝」之文已具於上，故於三老并云教「弟」。此經之意，言王者以己先人朝覲，乃使諸侯朝己，非天子身有朝事，不得以朝爲教臣，故以祭爲教臣。既以「事皇尸」爲教「臣」，故以「事三老」爲教「孝」，「事五更」爲教「弟」。孔傳自顧爲義，故與《樂記》不同。傳自「及其」以下覆述上「父事」「君事」所爲之事，《王制》陳虞、夏、殷、周四代養國老於大學，「國老」即三老、五更是也，故引《樂記》天子養三老、五更之事以説之。「祖而割牲」，謂如祭祀之禮，人君親執鸞刀以啓其毛也。「執醬而饋」，謂親薦脯醢也。「執爵而酳」，謂親獻酒也。父、兄、君者，己之所尊，王者「盡忠敬於其所尊，以大化天下焉」。傳上句雖言「君事皇尸」，而「君事」之理不著，故更自解云。「皇，君」，《釋詁》文也。「尸」訓「主」也。古之祭者，必以人爲神主，謂之爲尸，故云「事君尸者謂祭」也。《郊特牲》云「尸神象」，故云「尸即所祭之象」也。象其君、父，故臣、子致其尊嚴也。傳於上句既言三老、五更，復説其所用之人主名，意年老者三人、更事五人，俱是年老並有德業。三老尊，以年齒爲名，故以「舊德」「賢俊」解之；五更卑，以伎能爲名，故以「更習」「博識」解之，其實不相通也。《王制》云「養老乞言」，故云「所從問道義」、「諮訓故」也。「訓故」謂先王教訓之故事也。蔡雍以「更」爲「叟」。叟，長老之稱也。其字與「更」相似，書者轉誤耳。鄭玄《樂記注》云「老、更互言耳，皆老人更知三德、五事者。」其意以三老、五更各一人，以「三」「五」爲名耳。養老之禮，希世間出。漢明帝永平二年，始尊事三老、兄事五更，以李躬爲三老，桓榮爲五更。是鄭玄以前已有以一人爲説者也。魏高貴鄉公甘露三年，帝入學，將崇先典，乃命王祥爲三老，鄭小同爲五更。吴、蜀、晋、宋皆無其事。後魏高祖孝文皇帝大和十七年，鄴城行養老之禮，以尉元爲三老，游明根爲五更。各用一人，從鄭説也。

傳「詩大」至「明之[一]」

議曰：「愷，樂」「悌，易」，皆《釋詁》文也。樂、易言志度弘簡，忻樂而和易也。以上經教人、敬父、敬君，則君子之身必自居敬矣，故云「敬以居身」也。此章唯言貴老而慈幼不著，兼言「慈幼」，見其愛之博。上章云「先之以博愛」，傳意出於彼也。實非父母，恩愛似之，故言「似民之父母」也。

傳「孝之」至「從之」

議曰：此結首章「至德」之言，故云[二]「孝之爲德其至矣」。首章先云「至[三]德」，後言「要道」，此二章先結「要道」，後説「至德」者，首章方言「訓

[一]「之」原作「云」，據林校改。
[二]「云」原作「三」，據林校改。
[三]「至」字原脱，據林校補。

下」，本下諸先王，先王德在於身，道以及物，故先德後道。此二章主論教化，化[一]弘由於德美，故先道後德，所以與上倒也。教雖有法，以成爲美，民若不從，美則不見，故言「敷德以化，下皆順而從之」，言民從，故美大也。餘章引《詩》，《詩》居章末。此於《詩》下復有此經者，《詩》美「民之父母」，以證君之能教耳，不得證「至德」之大。故進詩於上，別起歎辭，所以異於餘章也。

[一]「化」原作「他」，據林校改。

古文孝經述義

【隋】劉炫 撰
【清】馬國翰 輯

《古文孝經述義》一卷，隋劉炫撰。炫有《詩》《禮》《春秋》述義，已各著録。《隋書·經籍志》云：「梁代，安國及鄭氏二家，並立國學，而安國之本，亡於梁亂，陳及周、齊，唯傳鄭氏。至隋，祕書監王劭於京師訪得孔傳，送至河間劉炫。炫因序其得喪，述其義疏，講於人間，漸聞朝廷，遂著令與鄭氏並立。」《唐會要》載劉知幾議，以《古文孝經孔傳》爲「開皇十四年，祕書學士王孝逸於京市陳人處買得一本，送與著作郎王劭，劭以示河間劉炫」。又云：「炫輒以所見，率意刊改，因著《古文孝經稽疑》一篇。」隋、唐《志》並載「《述義》五卷」，今佚，邢昺《正義》引之。其《稽疑》一篇，附著《孝經序》正義，據輯爲卷。劉以《古孝經·庶人章》分爲二，「曾子敢問」章分爲三，又多《閨門》一章，凡二十二章。案《黄氏日抄》謂：「今文《三才章》『其政不嚴而治』與『先王見教之可以化民』通爲一章，古文則分爲二章。今文《聖治章》第九『其所因者本也』與『父子之道天性』通爲一章，古文則爲二章；『不愛其親而愛他人者』，古文又分爲一章。」又云：「《閨門》云云二十二字，今文全無之，而古文自爲一章。」《聖治》分三章，與劉説合。劉以《庶人章》分爲二，而黄謂《三才章》，互有不同，兹仍以劉爲據。至《閨門》一章，世儒或疑炫僞作，然漢初長孫氏傳今文即有之，豈後人所僞爲邪？孫本固嘗辨論之矣。歷城馬國翰竹吾甫。

古文孝經述義

隋 劉炫 撰

孝經

炫謂孔子自作《孝經》，本非曾參請業而對也。士有百行，以孝爲本。本立而後道行，道行而後業就，故曰：明王之以孝治天下也。然則治世之要，孰能非乎？徒以教化之道，因時立稱，經典之目，隨事表名，至使威儀禮節之餘盛傳當代，孝悌德行之本隱而不彰。夫子運偶陵遲，禮樂崩壞，名教將絶，特感聖心，因弟子有請問之道，師儒有教誨之義，故假曾子之言以爲對揚之體，乃非曾子實有問也。若疑而始問，答以申辭，則曾子應每章一問，仲尼應每問一答。按經，夫子先自言之，非參請也；諸章以次演之，非待也。且辭義血脉，文連旨環，而「開宗」題其端緒，餘章廣而成之，非一問一答之勢也。理有所極，方始發問，又非請業請答之事。首章言「先王有至德要道」，則下章云「此之謂要道也」，「非至德，其孰能順民」，皆遥結道本，答曾子也。舉此爲例，凡有數科。必其主爲曾子言，首章答曾子已了，何由不待曾子問，更自述而修之？且三起曾子侍坐與之别，二者是問也，一者歎之也。故假言乘間曾子坐也，與之論孝。開宗明義，上陳天子、下陳庶人，語盡無更端，於曾子未有請，故假參歎孝之大，又説以孝爲理之功。説之以終，欲言其聖道莫大於孝，又假參問，乃説聖人之德不加於孝。在前論敬順之道，未有規諫之事，慇懃在悦色，不可頓説犯顔，故須更借曾子言陳諫争之義。此皆孔子須參問，非參須問孔子也。莊周之斥鷃笑鵬、罔兩問影，屈原之漁父鼓枻、太卜拂龜，馬卿之烏有、無是，揚雄之翰林、子墨，寧非師祖製作以爲楷模者乎？若依鄭註，實居講堂，則廣延生徒，侍坐非一，夫子豈淩人侮衆，獨與參言邪？且云「汝知之乎」，何必直汝曾子，而參先避席乎？必其偏告諸生，又有對者，當參不讓儕輩而獨答乎？假使獨與參言，言畢，參自集録，豈宜稱師字者乎？由斯言之，經教發極，夫子所撰也。而《漢書·藝文志》云：「《孝經》者，孔子爲曾子陳孝道也。」謂其爲曾子特説此經，然則聖人之有述作，豈爲一人而已？斯皆誤本其文，致兹乖謬也。所以先儒注解，多所未行。唯鄭玄之《六藝論》曰：「孔子以六藝題目不同，指意殊别，恐道離散，後世莫知根源，故作《孝經》以總會之。」其言雖則不然，其意頗近之矣。然入室之徒不獨假曾子爲言，以參偏得孝名也。《老子》曰：「六親不和有孝慈。」然則孝慈之名，因不和而有，若萬行俱備，稱爲人聖，則凡聖無不盡也。而家有三惡，舜稱大孝；龍逄、比干，忠名獨彰，君不明也；孝己、伯奇之名偏著，母不慈也。曾子性雖至孝，蓋有由而發矣。蒸藜不熟而出其妻，家法嚴也；耘瓜傷苗幾殞其命，明父少恩也。曾子孝名之大，其或由茲，固非參性遲朴，躬行匹夫之孝也。邢昺《孝經序》正義。

第一章

《古孝經·庶人章》分爲二，「曾子敢問」章分爲三，又多《閨門》一章，凡二十二章。《正義》。

曾子避席曰：「參不敏，何足以知之？」

性未達，何足知。

夫孝，始於事親，中於事君，終於立身。

鄭氏以爲：「父母生之，是事親爲始。四十强仕，是事君爲中。七十致仕，是立身爲終也。」若以始爲在家，終爲致仕，則兆庶皆能有始，人君所以無終。若以年七十者始爲孝終，不致仕者皆爲不立，則中壽之輩盡曰不終，顔子之流亦無所立矣。

《大雅》云：「無念爾祖，聿脩厥德。」

夫子敘經，申述先王之道。《詩》《書》之語，事有當其義者，則引而證之，示言不虛發也。七章不引者，或事義相違，或文勢自足，則不引也。五經唯《傳》引《詩》，而《禮》則雜引，《詩》《書》及《易》並意及則引。若汎指，則云「《詩》曰」「《詩》云」；若指四始之名，即云《國風》《大雅》《小雅》《魯頌》《商頌》；若指篇名，即言「《勺》曰」「《武》曰」，皆隨所便而引之，無定例也。並同上。

第二章

蓋天子之孝也。

孔傳云：「蓋者，辜較之辭。」辜較，猶梗概也。孝道既廣，此纔舉其大要也。鄭注云：「蓋者，謙辭。」若以制作須謙，則庶人亦當謙矣。苟以名位須謙，夫子曾爲大夫，於士何謙，而亦云「蓋」也？斯則卿士以上之言，「蓋」者並非謙辭可知也。《正義》。

《甫刑》云

孔傳：「後爲甫侯，故稱《甫刑》。」炫以爲遭秦焚書，各信其學，後人不能改正而兩存之也。同上。

第四章

非先王之法服不敢服。

君子上不僭上，下不偪下。《正義》云：「劉炫引《禮》證之。」

第五章

故母取其愛，而君取其敬，兼之者，父也。

母親至而尊不至，豈則尊之不極也？君尊至而親不至，豈則親之不極也？惟父既親且尊，故曰「兼」也。《正義》。

第六章

用天之道，分地之利，謹身節用，以養父母，此庶人之孝也。

分地之利，黍稷生於陸，菰稻生於水。《正義》。

第七章

案：劉云「《庶人章》分爲二」，依録之。

故自天子以至於庶人，孝無終始，而患不及者，未之有也。

第九章

子曰：昔者明王之以孝治天下也，不敢遺小國之臣，而況於公侯伯子男乎？故得萬國之懽心，以事其先王。治國者，不敢侮於鰥寡，而況於士民乎？故得百姓之懽心，以事其先君。治家者，不敢失於臣妾，而況於妻子乎？故得人之懽心，以事其親。

「遺」謂意不存録，「侮」謂忽慢其人，「失」謂不得其意。小國之臣位卑，或簡其禮，故云「不敢遺」也。鰥寡人中賤弱，或被人輕侮欺陵，故云「不敢侮」也。臣妾營事産業，宜須得其心力，故云「不敢失」也。明王「況公侯伯子男」、諸侯「況士民」、卿大夫「況妻子」者，以王者尊貴，故況列國之貴者；諸侯差卑，故況國中之卑者，以五等皆貴，故況其卑也；大夫或事父母，故況家人之貴者也。《正義》。

第十章

曾子曰：敢問聖人之德，無以加於孝乎？子曰：天地之性，人爲貴。人之行莫大於孝，孝莫大於嚴父，嚴父莫大於配天，則周公其人也。昔者周公郊祀后稷以配天，宗祀文王於明堂，以配上帝，是以四海之内，各以其職來祭。夫聖人之德，又何以加於孝乎？故親生之膝下，以養父母日嚴。聖人因嚴以教敬，因親以教愛。聖人之教不肅而成，其政不嚴而治，其所因者本也。

明堂，居國之南，南是明陽之位，故曰「明堂」。《正義》。

第十一章

父子之道，天性也，君臣之義也。父母生之，續莫大焉。君臨之，厚莫重焉。

第十二章

案：劉云「『曾子敢問』章分爲三」，依用之。

故不愛其親而愛他人者，謂之悖德；不敬其親而敬他人者，謂之悖禮。以順則逆，民無則焉。不在於善，而皆在於凶德。雖得之，君子不貴也。君子則不然，言思可道，行思可樂，德義可尊，作事可法，容止可觀，進退可度，以臨其民。是以其民畏而愛之，則而象之，故能成其德而行其政令。《詩》云：「淑人君子，其儀不忒。」

德者，得於理也；義者，宜於事也。得理在於身，宜事見於外。謂理得事宜，行道守正，故能爲人所尊也。《正義》。

第十三章案：劉云「多《閨門》一章」，據補。

閨門之内，其禮矣乎！嚴親嚴兄，妻子臣妾，繇百姓徒役也。

第十七章

教以臣，所以敬天下之爲人君者也。

將教爲臣之道，固須天子身行者。《正義》。

《詩》云：「愷悌君子，民之父母。」非至德，其孰能順民如此其大者乎！

《詩》美民之父母，證君之行教，未證至德之大，故《詩》下别起歎辭，所以異於餘章。同上。

第十九章

曾子曰：「若夫慈愛恭敬，安親揚名，則聞命矣。」

《禮記·内則》説子事父母，「慈以旨甘」。《喪服四制》云：「高宗慈良於喪。」《莊子》曰：「事親則孝慈。」此並施於事上。夫愛出於内，慈爲愛體；敬生於心，恭爲敬貌。此經悉陳事親之迹，寧有接下之文？夫子據心而爲言，所以唯稱愛敬；曾參體貌而兼舉，所以並舉慈恭。

昔者，天子有争臣七人。不陷於不義。

案：下文云「子不可以不争於父，臣不可以不争於君」，則爲子爲臣，皆當諫争，豈獨大臣當争，小臣不争乎？豈獨長子當争其父，衆子不争者乎？若父有十子，皆得諫争；王有百辟，惟許七人，是天子之佐乃少於匹夫也。又案：《洛誥》云，成王謂周公曰：「誕保文武受民，亂爲四輔。」《冏命》伯冏：「惟予一人無良，實賴左右前後有位之士匡其不及。」據此而言，則左右前後四輔之謂也。疑、丞、輔、弼，當指於臣，非是别立官也。

第二十二章

三日而食〔一〕，教民無以死傷生，毁不滅性。

三日之後乃食，皆謂滿三日則食也。並同上。

（《玉函山房輯佚書・經編孝經類》）

〔一〕「三日而食」原作「三十日食」，據《孝經》經文改。

御注孝經疏

【唐】元行沖 撰
【清】馬國翰 輯

《御注孝經疏》一卷，唐元行沖撰。行沖有《釋疑論》，已著録「禮記類」。《唐書》：「玄宗自注《孝經》，詔行沖爲疏，立於學宫。」《唐志》「二卷」，《宋志》「三卷」，今佚。邢昺《正義》引《制旨》四節，朱氏《經義考》於《唐明皇孝經注》下云：「《唐志》作《孝經制旨》。」是《制旨》即明皇御注。而《正義》引《制旨》，其一節即注文而少一字；其三節説義敷暢，與注不同。考《明皇孝經》云：「一章之中，凡有數句，一句之内，意有兼明，具載則文繁，畧之又義闕，今存於疏，用廣發揮。」據此，則《制旨》之文乃行沖《疏》，而《正義》用之。行沖奉詔作疏，故述注意亦稱「制旨」。輯録爲卷。《宋會要》載邢昺等作《孝經正義》，謂取元行沖《疏》，約而修之。則元疏固渾於《正義》之中，其文筆猶可循省也。

歷城馬國翰竹吾甫。

御注孝經疏

唐　元行沖　撰

庶人章第六

故自天子至於庶人，孝無終始而患不及者，未之有也。

《制旨》曰：「嗟乎！孝之爲大，若天之不可逃也，地之不可遠也。朕窮五孝之説，人無貴賤，行無終始，未有不由此道而能立其身者。然則聖人之德，豈云遠乎哉？我欲之而斯至，何患不及於己者哉！」邢昺《正義》。

三才章第七

曾子曰：甚哉！孝之大也。子曰：夫孝，天之經也，地之義也，民之行也。天地之經，而民是則之。則天之明，因地之利，以順天下。是以其教不肅而成，其政不嚴而治。

《制旨》曰：「天無立極之統，無以常其明；地無立極之統，無以常其利；人無立身之本，無以常其德。然則三辰迭運，而一以經之者，大利之性也；五工分植，而一以宜之者，大順之理也；百行殊塗，而一致之者，大中之要也。夫愛始於和，而敬生於順。是以因和以教愛，則易知而有親；因順以教敬，則易從而有功。愛敬之化行，而禮樂之政備矣。聖人則天之明以爲經，因地之利以行義。故能不待嚴肅而成可久可大之業焉。」同上。

聖治章第九

故親生之膝下，以養父母日嚴。聖人因嚴以教敬，因親以教愛。聖人之教不肅而成，其政不嚴而治。其所因者本也。

《制旨》曰：「夫人倫正性，在蒙幼之中。導之斯通，壅之斯蔽。故先王慎其所養，於是乎有胎中之教、膝下之訓。感之以惠和，而日親焉；期之以恭順，而日嚴焉。夫親也者，緣乎正性而達乎人情者也。故因其親嚴之心，教以愛敬之範，則不嚴而治、不肅而成。謂其本於先祖也。」同上。

事君章第十七

退思補過。

《制旨》曰：「君有過，則思補益。」唐明皇帝御注：「君有過失，則思補益。」《正義》云：「此出《制旨》也。」

（《玉函山房輯佚書·經編孝經類》）

古文孝經孔傳

題【漢】孔安國　撰

重刻古文孝經序

先王之道，莫大於孝；仲尼之教，莫先於孝。自六經而下，無非孔氏遺書，其有出於《孝經》之右者乎？何以言之？天下無有無父母之人故也。

《孝經》有二本，其一河間王所得十八章者，謂之今文；其一魯共王壞孔壁所得竹牒科斗文二十二章者，孔安國所爲作傳，謂之古文。安國曰：「今文十八章，文字多誤。」又曰：「河間王所上雖多誤，然以先出之故，諸國往往有之。漢先帝發詔稱其辭者，皆言『傳曰』，其實今文《孝經》也。」由是觀之，《今文孝經》之行也已久矣。古文者，雖安國爲之訓傳，蓋當時未之行也。迨乎漢季，馬季長擬作《忠經》十八章，傚今文《孝經》也。鄭康成注《孝經》，亦其今文者也。自是厥後，今文《孝經》之行彌盛，而古文亦與之俱行。至唐明皇親注《孝經》，雖兼取孔、鄭二家之説，然其經則用今文，取其闕《閨門章》也，於是古文《孝經》遂廢不行。至宋刑昺依明皇御注作《正義》，然後《孝經》唯御注本行于世，鄭注遂亡，古文《孝經》亦亡其傳文而僅存其經文。

宋人尊信《孝經》者，莫若司馬温公。然特得古文本經而讀之耳，不覩孔傳也。自二程至朱熹氏皆疑《孝經》，以爲後人所擬作。朱子又妄改易本經篇章，著爲經一章、傳十四章，且删去其本文二百餘字。孔子曰：「信而好古。」若朱子者，可謂拂矣。自是以來，學朱氏者，舉不信《孝經》。塾師不以爲教，至令童子輩目弗見《孝經》。悲夫！先王之道，莫大於孝；仲尼之教，莫先於孝。夫子不曰乎：「吾志在《春秋》，行在《孝經》。」是以後世人主，不讀書則已，苟讀書者，必自《孝經》始，況下焉者乎？今朱氏之徒，不讀《孝經》而學心法，其不爲浮屠之歸者幾希。

夫古書之亡于中夏而存于我日本者頗多。宋歐陽子嘗作詩，稱「逸《書》百篇今尚存」，「昔僧奝然適宋，獻鄭注《孝經》一本於太宗，司馬君實等得之大喜」云。今去其世七百有餘年，古書之散逸者亦不少，而《孔傳古文孝經》全然尚存于我日本，豈不異哉？予嘗試檢其書，古人所引孔安國《孝經傳》者，及明皇御注之文，邢昺以爲依孔傳者畢有，特有一二字不同耳，得非傳寫之互訛乎？先儒多疑孔傳，以爲後人僞造者，予獨以爲非。經曰：「身體髮膚，受之父母，弗敢毀傷，孝之始也。」諸家解皆以爲孝子不得以凡人事及過失毀傷其身體，孔傳乃以爲刑傷。蓋三代之刑有劓、刵及宫，非傷身乎？刖，非傷體乎？髡，非傷髮乎？墨，非傷膚乎？以此觀之，孔傳尤有所當也。王仲任亦嘗誦是經文而曰：「孝者怕入刑辟，刻畫身體，毀傷髮膚，少德泊行，不戒慎之所致也。」合而觀之，可以見古訓焉。如從諸家説，則忠臣赴君難者，不避水火兵刃，節婦有斷髮截鼻者，彼皆爲不孝矣，是説不通也。余故曰孔傳者，安國所作無疑也。

或曰：《尚書》之文，奇古難讀，安國傳之，其言甚簡。《孝經》之文平易，安國傳之乃不厭繁文，何也？曰：傳《尚書》者，爲學士大夫也，故不盡其説，使讀者思而得之。傳《孝經》者，爲凡人也，故丁寧其言，以告諭之。此其所以不同也。

嗚呼！夫孝者，百行之本，萬善之先，自天子至庶人，所不可以一日廢也。夫孝不可以一日廢，則《孝經》亦不可以一日廢也。夫自朱氏之學行，而《孝經》久廢于世，純常慨焉。幸孔壁古文《孝經》並與安國之傳，存于我日本者，寧不知珍而寶之哉？惟是經國人相傳之久，不知歷幾人書寫，是以文字訛謬，魚魯不辨。純既以數本校讐，且旁及他書所引，若釋氏所稱述，苟有足徵者，莫不參考。十更裘葛，乃成定本。其經文與宋人所謂古文者亦不全同。今不敢從彼改此，蓋相承之異，未必宋本之是而我本之非也。傳中間有不成語，雖疑其有誤，然諸本皆同，無所取正，故姑傳疑，以俟君子。今文唐陸元朗嘗音之，古文則否。今因依陸氏音例，並音經傳，庶乎令讀者不誤其音矣。書成而欲刻之家塾，則淺田思孝出其橐装以助費，遂趣命工從事。予未能爲吾家孝子，且爲孔氏忠臣云爾。日本享保十六年辛亥十一月壬午太宰純謹序。

新刻古文孝經孔氏傳序

表章遺書，莫先於經。近代之僞撰者，若張商英《古三墳書》、吾衍《晉文春秋》《楚檮杌》、豐坊《子夏詩傳》《申公詩説》之類，其言舉無可采。而好事者爲傳之，此則過也。然如張霸之《百兩篇》，時君既知其僞撰矣，而愛其文辭，亦使之流傳於世。《連山》《歸藏》，古無著録，而隋、唐《志》始有之，今見於諸書所引用者，其文類斑駁可喜。《子夏易傳》見於陸德明、孔穎達、李鼎祚所引者，於訓詁名物爲詳，相傳以張弧僞作。弧，唐人也，陸、孔諸人寧有不知而肯輕相承用乎？此必有所由來。然如今通志堂之所收者，則又並非張弧之舊矣。使此數書而在，亦焉得不爲傳之？

《孝經》有古今文，鄭康成注者，今文也；孔安國傳者，古文也。五代之際，二家並亡。宋雍熙中，嘗得今文鄭氏注於日本矣，今又不傳。新安鮑君以文，篤學好古，意彼國之尚有是書也，屬以市易往者訪求之。顧鄭氏不可得，而所得者乃古文孔氏傳，遂攜以入中國。此書亡逸，殆及千年，而一旦復得之，此豈非天下學士所同聲稱快者哉！鮑君不以自私，亟付剞劂，而以其本示余。余按傳文以求之，如云「閒居靜而思道也」，則陸德明引之矣；「脱衣就功，暴其肌體」云云，則司馬貞引之矣；「上帝亦天也」，則王仲丘引之矣。其文義典核，又與《釋文》《會要》《舊唐書》所載一一符會，必非近人所能撰造。然安國之本亡於梁，而復顯於隋，當時有疑爲劉光伯所作者。即鄭注，人亦疑其不出於康成。雖然，古書之留於今日者有幾，即以爲光伯所補綴，是亦何可廢也？蓋其文辭微與西京不類，與安國《尚書傳》體裁亦別，又不爲漢惠帝諱「盈」字，唯此爲可疑耳。漢桓譚、唐李士訓皆稱古《孝經》千八百七十二言，今止一千八百六十一言，此則日本所傳授，前有太宰純序，所謂不以宋本改其國之本是也。唯是章首傳云「孔子者，男子之通稱也。仲尼之兄伯尼」十五字，斷屬訛誤，因下有「曾子者，男子之通稱」語，而誤「曾」爲「孔」，當爲衍文。仲尼之兄，自字孟皮，安得與仲尼同字？且於本文亦無所當，此當爲後人羼入無疑。余所以致辨者，恐人因開卷一二齟齬，遂並可信者而亦疑之，則大非鮑君兢兢扶微振墜之本意矣，故備舉其左證於前以明可信。且《尚書傳》朱子亦以爲不出於安國，安在此書之必與規規相似也？然其誤入者，則自在讀者之善擇矣。

德水盧氏嘗刻《尚書大傳》《周易乾鑿度》等書，流布未廣，其家被籍之後，板之在否不可知。此皆漢氏遺文，好古者所當愛惜，若能與此書並壽諸梓，以爲衆書冠冕，譬之夏彝商鼎，必非柴哥官汝之所得而齊量矣。前朝所刻書多取僞者，今皆取其真者，不益以見國家文教之美，朝野相成爲足，以度越千古也哉！乾隆四十有一年秋七月東里盧文弨序於鍾山書院。

新雕古文孝經序

《古文孝經》孔安國傳，世久失其傳，武林汪君翼蒼隨估舶至日本，訪求以歸。吾友鮑君以文得之甚喜，遂刻入《知不足齋叢書》，間以弁言爲屬。騫固寡陋，敢牞摭端緒，以俟世之明經者正焉。

序曰：《孝經》一書，經緯三才，紀綱五行，誠聖門入德之首務。故何休稱：「子曰：『吾志在《春秋》，行在《孝經》。』」此《鉤命決》之言也。遭秦滅學，爲河間人顔芝所藏。漢初，芝子貞出之，凡十八章，鄭康成爲之注，是爲《今文孝經》。又，魯共王使人壞夫子講堂，於壁中得《古文尚書》及《孝經》二十二章。魯三老孔惠詣獻京師，孔安國爲作傳，所謂《古文孝經》者也。遭巫蠱事，未之行。自晉至梁，孔、鄭二家並立於學。其後梁亂，孔傳獨亡。隋秘書監王劭于京師訪得之，以示河間劉炫。炫因序其得喪，述其義疏，爲《稽疑》一篇。

當時學者習於鄭注，頗疑孔傳爲炫所自撰。唐開元中，詔議孔、鄭二家。史官劉知幾請行孔廢鄭，諸儒非之，卒行鄭學。迨明皇御注出，而鄭氏亦幾于廢。蓋序所云「劉炫明安國之本，陸澄譏康成之注」者，誠篤論也。五季喪亂，孔、鄭二家並亡。宋雍熙初，日本僧奝然以鄭注《孝經》來獻，中土始有其書，而孔傳卒不可得。按《宋三朝藝文志》云「周顯德末，新羅獻《別序孝經》，即鄭注也」。然歐公《五代史記》謂「新羅自晉以後，不復至中國」。而奝然事則見於《宋史・日本傳》，斯爲可信。第不解奝然當日何不亦孔傳俱來，豈是書在彼國中亦所秘邪？《日本傳》又累言其國太宰府遣人貢方物，或收得其牒。今序刻是書之太宰純，未詳爲何如人。日本多世職，太宰純豈猶其苗裔，或以官爲氏者乎？惜乎十萬里之波濤難盡，不易問耳！

書中經文，視世所傳古文《孝經》不同者，如「父母生之，續莫大焉」作「續莫大焉」，「故親生之膝下」作「故親生毓之」，與班孟堅謂「諸家説不安處，古文字讀皆異」正合。「中心藏之」作「忠心臧之」，以「中」爲「忠」，亦與陸德明《經典釋文》合。以是知宋儒所傳之古文《孝經》，猶未能無少差繆。而騖更有以證前人之失者。安國作傳，實在孝武之世，乃許沖以古文《孝經》爲昭帝時魯三老所獻。考安國之卒在天漢以前，安得昭帝時猶能作傳？今觀安國原序，始知三老所獻即孔壁所出也。或曰：然則此書出於安國之手，殆的然可信矣乎？曰：是未易以一言斷也。昔古文《尚書》傳于東晉，後儒猶辯論紛紜，疑信參半，況《孝經孔傳》之見于今日者乎？大抵其出愈晚，則其疑益甚，此亦世俗之恒情。然而汾陰之鼎，詎必非九牧之金？所謂各疑其疑，各信其信耳。

嗟乎！是一書也，厄于秦，巫蠱於漢，亡於梁，譁於隋，聚訟於唐，散佚于五代。自有經傳以來，其更歷患難屢興而屢躓者，疑莫有甚於此矣。夫孰知數百年而後，一旦復出於稽古右文之朝，而所謂鄭注者，反澌滅而不可復稽，豈非孔、曾之靈有以默爲呵護，直俟聖明之世而後著歟？傳曰：「孝弟之至，通於神明，光於四海，無所不暨。」于斯益信。而以文搜訪之勤，遠周海外，其有功於斯道，又豈在顏貞、孔惠諸人之亞哉？乾隆四十有一年歲次丙申暮春之吉海昌吳騫謹序。

古文孝經序

聖人垂教，莫大乎經；庶民本行，莫先乎孝。昔宣聖與曾子論孝，門人書之，謂之《孝經》。經有今文、古文之別，學有鄭注、孔傳之殊。古文孔傳亡逸最蚤，隋時復出，劉炫得之，以作《稽疑》。至唐開元中，敕定孔、鄭二注，劉知幾則非鄭而是孔，司馬貞則疑孔而信鄭。孔傳雖尚存繼絶，不及鄭注之獨行。明皇御注，惟取今文，遂爲定本。沿及五代之亂，鄭、孔俱亡。宋時，秘閣所藏古文，有經無傳，故司馬光作《指解》，多取今文舊注引而伸之，嘗論經以載道，期於明道而止。今文較古文字句損益無多，篇章分合稍異，其發明孝道，同軌一轍，原不必泥求古文。然而稽古之士，於今文文義不安，思求復見古文經傳面目，以稱千秋快事，未始非好學者之至願也。

皇朝天下一統，海宇敉寧，估客商船，揚帆溟渤，遂從日本購得古文《孝經孔傳》一編，載歸鄉國。其書二十二章，經文一千八百六十一字，較之桓譚《新論》所稱尚少十一字，而以宋司馬氏《指解》相校，則增多五十一字。其間單文隻句，無關義理者不具論。若首章之「以順天下」作「以訓天下」，可不煩言而解。《卿大夫章》「然後能保其宗廟」句，增「保其禄位而」五字，與《諸侯章》之「保其社稷」、《士章》之「保其爵禄」句法相合，而義更明暢。又「故親生之膝下」，此本作「是故親生毓之」，傳云「育之者，父母也」。「父母生之，續莫大焉」，此本作「績莫大焉」，傳云「績，功也」。此二條，班固《藝文志》已稱「諸家之説不安，古文字讀皆異」，而《指解》本所刊，與今文無異。然則此本爲最古矣。今文鄭注，嘗進獻於宋僧奝然。古文孔傳，得再見於右文稽古之朝，不可謂非草莽儒生之幸事也。

欽惟聖朝以孝治天下，群生煦育遊化宇者百數十年，俗無拂戾之風，家有天倫之樂，郅隆之治，萬國攸同，皆仰沐聖天子德化之所覃敷，而亦賴大聖人遺經之所感發也。今國家開四庫之館，徵天下之書，以秘府儲蓄之多，海内弆藏之衆，似此異本，豈乏留貽？而偏隅聞見狹隘，竊以爲目未經見，便足珍奇，不敢秘諸經笥，亟欲公之同好，此吾友鮑君以文重付剞劂之本意也。鮑君所刻《知不足齋叢書》，大率闡發隱微，搜羅廢墜，而得此千百年久佚之本，以列前編，欣喜之懷，形諸寤寐。辰寒鄉下士，言不足爲是書取重，然吾友耽書公世之心，知之最深，受讀既竟，不容默也，遂書於簡端。乾隆四十一年歲次丙申中春之吉慈谿鄭辰謹序。

古文孝經序

孔安國

《孝經》者何也？孝者，人之高行；經，常也。自有天地人民以來，而〔一〕孝道著矣。上有明王，則大化滂流，充塞六合。若其無也，則斯道滅息。行，下孟反。滂，普光反。塞，先北反。當吾先君孔子之世，周失其柄，諸侯力爭，道德既隱，禮誼又廢。至乃臣弒其君，子弒其父，亂逆無紀，莫之能正。是以夫子每於閒居，而歎述古之孝道也。弒，施志反，下同。閒，音閑。夫子敷先王之教於魯之洙泗，門徒三千〔二〕，而達者七十有二也〔三〕。貫首弟子顔回、閔子騫、冉伯牛、

〔一〕「而」字日本慶長四年活字本（下簡稱「慶長本」）無。
〔二〕「千」下慶長本有「人」字。
〔三〕「也」字慶長本無。

仲弓，性也，至孝之自然，皆不待諭而寤〔一〕者也。其餘則悱悱憤憤，若存若亡。敷，芳無反。洙，音殊。泗，音四。有，音又，下「有二」同。騫，起虔反。悱，芳匪反。憤，房粉反。唯曾參躬行匹夫之孝，而未達天子、諸侯以下揚名顯親之事，因侍坐而諮問焉。故夫子告其誼〔二〕，於是曾子喟然知孝之爲大也，遂集而録之，名曰《孝經》，與五經竝行於世。參，所金反。坐，才卧反。喟，苦位反。逮乎六國，學校衰廢，及秦始皇焚書坑儒，《孝經》由是絶而不傳也。逮，大計反，又音代，下同。校，户孝反。焚，扶云反。坑，苦庚反。至漢興，建元之初，河間王得而獻之，凡十八章，文字多誤，博士頗以教授。後魯共王使人壞夫子講堂，於壁中石函得《古文孝經》二十二章，載在竹牒，其長尺有二寸，字科斗形。共，音恭。壞，音怪。牒，徒協反。長，直亮反。魯三老孔子惠抱詣京師，獻之天子。天子使金馬門待詔學士與博士羣儒從隸字寫之，還子惠一通，以一通賜所幸侍中霍光。

〔一〕「寤」字慶長本作「悟」。
〔二〕「誼」字慶長本作「議」。

光甚好之，言爲口實。好，呼報反，下同。時王公貴人咸神祕焉，比於禁方。天下競欲求學，莫能得者。每使者至魯，輒以人事請索。或好事者募以錢帛，用相問遺。魯吏有至帝都者，無不齎持以爲行路之資。故古文《孝經》初出於孔氏。使，色吏反。索，所白反。遺，唯季反。而今文十八章，諸儒各任意巧說，分爲數家之誼。淺學者以當六經，其大車載不勝，反云〔一〕孔氏無古文《孝經》，欲矇時人。度其爲說，誣亦甚矣。數，色主反。勝，音升。矇，音蒙。度，待洛反。吾愍其如此，發憤精思，爲之訓傳，悉載本文，萬有餘言，朱以發經，墨以起傳，庶後學者覩正誼之有在也。思，息嗣反。傳，直戀反，下皆同。今中祕書皆以魯三老所獻古文爲正，河間王所上雖多誤，然以先出之故，諸國往往有之。漢先帝發詔，稱其辭者，皆言「傳曰」，其實今文《孝經》也。上，時掌反。

〔一〕「云」下慶長本有「於」字。

昔吾逮從伏生論古文《尚書》誼，時學士會，云出叔孫氏之門，自道〔一〕知《孝經》有師法。其説「移風易俗，莫善於樂」，謂爲天子用樂，省萬邦之風，以知其盛衰。衰則移之以貞盛之教，淫則移之以貞固之風，皆以樂聲知之，知〔二〕則移之。故云「移風易俗，莫善於樂」也。省，息井反。又師曠云：「吾驟歌南風，多死聲，楚必無功。」即其類也。且曰：「庶民之愚，安能識音，而可以樂移之乎？」驟，仕救反。當時衆人僉以爲善。吾嫌其説迂，然無以難之，後推尋其意，殊不得爾也。難，乃旦反。子游爲武城宰，作絃〔三〕歌以化民。武城之〔四〕下邑，而猶化之以樂，故《傳》曰：「夫樂，以開〔五〕山川之風，以曜德於廣遠。風德以廣之，風物以聽之，脩詩以詠之，脩禮以節之。」又曰：「用之邦國焉，用之鄉

〔一〕「道」字慶長本作「導」。
〔二〕「知」下慶長本有「之」字。
〔三〕「絃」字慶長本作「弦」。
〔四〕「之」字慶長本無。
〔五〕「開」字原作「闕」，據《國語》改。

人焉。」此非唯天子用樂明矣。夫，音扶，下同。風德，福鳳反，下「風物」同。夫雲集而龍興，虎嘯而風起，物之相感，有自然者，不可謂毋也。胡笳吟動，馬蹀而悲；黄老之彈，嬰兒起舞。庶民之愚，愈於胡馬與嬰兒也，何爲不可以樂化之？毋，音無。蹀，徒協反。經又云：「敬其父則子説〔一〕，敬其君則臣説。」而説者以爲各自敬其爲君父之道，臣子乃説也。余謂不然：君雖不君，臣不可以不臣；父雖不父，子不可以不子。若君父不敬其爲君父之道，則臣子便可以忿之邪〔二〕？此説不通矣〔三〕。吾爲傳皆弗之從焉也。子説、臣説、乃説，竝音悦。忿，芳吻反。邪，音耶。

〔一〕「説」字慶長本作「悦」，下「臣説」「乃説」同。

〔二〕「邪」字慶長本作「耶」。

〔三〕「矣」字慶長本無。

古文孝經宋本

仲尼閒居，曾子侍坐。子曰：「參，先王有至德要道，以順天下，民用和睦，上下無怨。女知之乎？」曾子避席，曰：「參不敏，何足以知之？」子曰：「夫孝，德之本也，教之所由生。復坐，吾語女。」

「身體髮膚，受之父母，不敢毀傷，孝之始也。立身行道，揚名於後世，以顯父母，孝之終也。夫孝，始於事親，中於事君，終於立身。《大雅》云：『無念爾祖，聿修厥德。』」

子曰：「愛親者，不敢惡於人；敬親者，不敢慢於人。愛敬盡於事親，而德教加於百姓，刑于四海，蓋天子之孝。《甫刑》云：『一人有慶，兆民賴之。』」

「在上不驕，高而不危；制節謹度，滿而不溢。高而不危，所以長守貴。滿而不溢，所以長守富。富貴不離其身，然後能保其社稷，而和其民人，蓋諸侯之孝。《詩》云：『戰戰兢兢，如臨深淵，如履薄冰。』」

「非先王之法服不敢服，非先王之法言不敢道，非先王之德行不敢行。是故非法不言，非道不行；口無擇言，身無擇行；言滿天下無口過，行滿天下無怨惡。三者備矣，然後能守其宗廟，蓋卿大夫之孝也。《詩》云：『夙夜匪懈，以事一人。』」

「資於事父以事母，而愛同；資於事父以事君，而敬同。故母取其愛，而君取其敬，兼之者，父也。故以孝事君則忠，以敬事長則順。忠順不失，以事其上，然後能保其爵禄，而守其祭祀，蓋士之孝也。《詩》云：『夙興夜寐，無忝爾所生。』」

子曰：「因天之道，因地之利，謹身節用，以養父母，此庶人之孝也。

「故自天子已下至於庶人，孝無終始，而患不及者，未之有也。」

曾子曰：「甚哉，孝之大也！」子曰：「夫孝，天之經，地之義，民之行。天地之經，而民是則之。因天之明，因地之義，以順天下。是以其教不肅而成，其政不嚴而治。先王見教之可以化民也，是故先之博愛，而民莫遺其親；陳之以德義，而民興行；先之敬讓，而民不爭；導之以禮樂，而民和睦；示之以好惡，而民知禁。《詩》云：『赫赫師尹，民具爾瞻。』」

子曰：「昔者明王以孝治天下也，不敢遺小國之臣，而況於公侯伯子男乎？故得萬國之懽心，以事其先王。治國者，不敢侮於鰥寡，而況於士民乎？故得百姓之懽心，以事其先君。治家者，不敢侮於臣妾，而況於妻子乎？故得人之懽心，以事其親。夫然，故生則親安之，祭則鬼享之。是以天下和平，災害不生，禍亂不作。故明王之以孝治天下如此。《詩》云：『有覺德行，四國順之。』」

曾子曰：「敢問聖人之德，其無以加於孝乎？」子曰：「天地之性，人爲貴。人之行，莫大於孝。孝莫大於嚴父。嚴父莫大於配天，則周公其人也。昔者周公郊祀后稷以配天，宗祀文王於明堂以配上帝。是以四海之内，各以其職來助祭。夫聖人之德，又何以加於孝乎？故親生之膝下，以養父母日嚴。

聖人因嚴以教敬，因親以教愛。聖人之教，不肅而成，其政不嚴而治，其所因者本也。」

子曰：「父子之道，天性，君臣之義。父母生之，續莫大焉；君親臨之，厚莫重焉。」

子曰：「不愛其親而愛他人者，謂之悖德；不敬其親而敬他人者，謂之悖禮。以順則逆，民無則焉。不在於善，而皆在於凶德，雖得之，君子所不貴。君子則不然，言斯可道，行斯可樂，德義可尊，作事可法，容止可觀，進退可度，以臨其民。是以其民畏而愛之，則而象之。故能成其德教，而行政令。《詩》云：『淑人君子，其儀不忒。』」

子曰：「孝子之事親，居則致其敬，養則致其樂，病則致其憂，喪則致其哀，祭則致其嚴。五者備矣，然後能事親。事親者，居上不驕，爲下不亂，在醜不爭。居上而驕則亡，爲下而亂則刑，在醜而爭則兵。三者不除，雖日用三牲之養，猶爲不孝也。」

子曰：「五刑之屬三千，而罪莫大於不孝。要君者無上，非聖者無法，非孝者無親。此大亂之道也。」

子曰：「教民親愛，莫善於孝。教民禮順，莫善於弟。移風易俗，莫善於樂。安上治民，莫善於禮。禮者，敬而已矣。故敬其父，則子悅；敬其兄，則弟悅；敬其君，則臣悅。敬一人，而千萬人悅。所敬者寡，而悅者衆，此之謂要道。」

子曰：「君子之教以孝也，非家至而日見之也。教以孝，所以敬天下之爲人父者。教以弟，所以敬天下之爲人兄者。教以臣，所以敬天下之爲人君者。《詩》云：『愷悌君子，民之父母。』非至德，其孰能順民如此其大者乎？」

子曰：「昔者明王事父孝，故事天明；事母孝，故事地察。長幼順，故上下治。天地明察，神明彰矣。故雖天子，必有尊也，言有父也；必有先也，言有兄也。宗廟致敬，不忘親也；修身慎行，恐辱親也。宗廟致敬，鬼神著矣。孝弟之至，通於神明，光於四海，無所不通。《詩》云：『自西自東，自南自北，無思不服。』」

子曰：「君子之事親孝，故忠可移於君；事兄弟，故順可移於長；居家理，故治可移於官。是故行成於内，而名立於後世矣。」

子曰：「閨門之内，具禮矣乎！嚴父，嚴兄。妻子臣妾，猶百姓徒役也。」

曾子曰：「若夫慈愛恭敬、安親揚名，參聞命矣。敢問從父之令，可謂孝乎？」子曰：「是何言與！是何言與！言之不通也。昔者天子有争臣七人，雖無道，不失其天下；諸侯有争臣五人，雖無道，不失其國；大夫有争臣三人，雖無道，不失其家；士有争友，則身不離於令名；父有争子，則身不陷於不義。故當不義，則子不可以弗争於父，臣不可以弗争於君。故當不義，則争之。從父之令，焉得爲孝乎？」

子曰：「君子事上，進思盡忠，退思補過，將順其美，匡救其惡，故上下能相親。《詩》云：『心乎愛矣，遐不謂矣。中心藏之，何日忘之。』」

子曰：「孝子之喪親，哭不偯，禮無容，言不文，服美不安，聞樂不樂，食旨不甘，此哀戚之情。三日而食，教民無以死傷生。毁不滅性，此聖人之政。喪不過三年，示民有終。爲之棺槨衣衾而舉之，陳其簠簋而哀戚之。擗踴哭泣，哀以送之。卜其宅兆，而安措之。爲之宗廟，以鬼享之。春秋祭祀，以時思之。生事愛敬，死事哀戚。生民之本盡矣，死生之義備矣，孝子之事親終矣。」

經凡一千八百一十言

孝經

漢魯人　孔安國　傳

日本信陽　太宰純　音

開宗明誼章第一 經一百二十五字

仲尼閒居，曾子侍坐。

仲尼者，孔子字也。凡名有五品，有信，有誼，有象，有假，有類。以名生爲信，以德名爲誼，以類名爲象，取物爲假，取父爲類。仲尼首上污，似尼丘山，故名曰丘，而字仲尼。孔子者，男子之通稱也。仲尼之兄伯尼。閒居者，靜而思道也。曾子者，男子之通稱也。名參，其父曾點，亦孔子弟子也。侍坐，承事左右，問道訓也。○閒音閑。坐，才卧反。污，烏華反。參，所金反。

子曰：「參，先王有至德要道，以訓天下，

子，孔子也。師一而已，故不稱姓。先王，先聖王也。至德，孝德也。孝生於敬。敬者寡而説者衆，故謂之要道也。訓，教也。道者，扶持萬物，使各終其性命者也，施於人則變化其行而之正理。故道在身，則言自順，而行自正，事君自忠，事父自孝，與人自信，應物自治。一人用之，不聞有餘；天下行之，不聞不足。小取焉，小得福；大取焉，大得福；天下行之，而天下服。是以總而言之，一謂之要道；别而名之，則謂之孝、弟、仁、誼、禮、忠、信也。○參，所金反，下同。説，音悦。行，下孟反，下「而行」同。治，直吏反。别，彼列反。弟，大計反。

民用和睦，上下亡怨，女知之乎？」

言先王行要道奉理，則遠者和附，近者睦親也。所謂率己以化人也。廢此二誼，則萬姓不協，父子相怨，其數然也。問曾子：「女寧知先王之以孝道化民之若此也？」○亡，音無。女，音汝，下同。

曾子辟席曰：「參不敏，何足以知之乎？」

敏，疾也。曾子下席而跪，稱名答曰：「參性遲鈍，見誼不疾，何足辱以知先王要道乎？」蓋謙辭也。凡弟子請業，及師之問，皆作而離席也。○辟，音避。離，力智反。

子曰：「夫孝，德之本也，教之所繇生也。

孝道者，乃立德之本基也，教化所從生也。德者，得也。天地之道得，則日月星辰不失其敘，寒燠雷雨不失其節。人主之化得，則羣臣同其誼，百官守其職，萬姓説其惠，來世歌其治。父母之恩得，則子孫和順，長幼相承，親戚歡娱，姻族敦睦。道之美，莫精於德也。○夫，音扶。繇，音由。燠，於六反。説，音悦。治，直吏反。長，丁丈反。娱，音虞。

復坐，吾語女。

將開大道，欲其審聽，故令還復本坐，而後語之。夫辟席答對，弟子執恭；告令復坐，師之恩恕也。○坐，才卧反，傳同。語，魚據反，傳同。令，力呈反，下同。夫，音扶。辟，音避。

身體髮膚，受之父母，不敢毁傷，孝之始也。

本其所由也。人生禀父母之血氣，情性相通，分形異體，能自保全而無刑傷，則其所以爲孝之始者也。是以君子之道，謙約自持，居上不驕，處下不亂，推敵能讓，在衆不争，故遠於咎悔，而無凶禍之災焉也。○處，昌吕反。推，吐雷反。遠，于萬反。

立身行道，揚名於後世，以顯父母，孝之終也。

立身者，立身於孝也。束脩進德，志邁清風，遊于六藝之場，蹈于無過之地，乾乾日競，夙夜匪解，行其孝道，聲譽宣聞，父母尊顯於當時，子孫光榮於無窮，此則孝之終竟也。○解，佳賣反。聞，如字，又音問。

夫孝，始於事親，中於事君，終於立身。

言孝行之非一也。以事親言之，其爲孝也，非徒不毁傷父母之遺體而已，故畧於上而詳於此，互相備矣。禮，男初生，則使人執桑弧蓬矢，射天地四方，示其有事。是故自生至于三十，則以事父母、接兄弟、和親戚、睦宗族、敬長老、信朋友爲始也。四十以往，所謂中也。仕服官政，行其典誼，奉法無貳，事君之道也。七十老，致仕，縣其所仕之車置諸廟，永使子孫鑒而則焉。立身之終，其要然也。○夫，音扶。行，下孟反。射，食亦反。長，丁丈反。縣，音玄。

《大雅》云：『亡念爾祖，聿脩其德。』」

《大雅》者，美文王之德也。無念，念也。聿，述也。言當念其先祖，而述脩其德也。斷章取誼，上下相成，所以終始孝道。不以敢解倦者，以爲人子孫，懼不克昌前烈，負累其先祖故也。○亡，音無。斷，音短。解，佳賣反。累，劣僞反。

天子章第二 經五十三字

子曰：「愛親者，不敢惡於人；

謂内愛己親，而外不惡於人也。夫兼愛無遺，是謂君心。上以順教，則萬民同風；旦暮利之，則從事勝任也。○惡，烏路反。夫，音扶。勝，音升。

敬親者，不敢慢於人。

謂内敬其親，而外不慢於人，所以爲至德也。其至德以和天下，而長幼之節肅焉，尊卑之序辨焉。是故不遺老忘親，則九族無怨；爵授有德，則大臣興誼；禄與有勞，則士死其制；任官以能，則民上功；刑當其罪，則治無詭；帥士以民之所載，則上下和；舉治先民之所急，則衆不亂。常行斯道也，故國有紀綱，而民知所以終始之也。○長，丁丈反。上，與「尚」同。帥，所律反。舉治，直吏反。

愛敬盡於事親，然後德教加於百姓，刑於四海，

刑，法也。百姓被其德，四海法其教。故身者，正德之本也；治者，耳目之詔也。立身而民化，德正而官辨，安危在本，治亂在身。故孝者，至德要道也，有其人則通，無其人則塞也。○治亂，直吏反。塞，先北反。

蓋天子之孝也。

蓋者，稱辜較之辭也。又陳其大綱，則綱目必舉。天子之孝道，不出此域也。○較，古岳反。

《呂刑》云：『一人有慶，兆民賴之。』」

《呂刑》，《尚書》篇名也。呂者，國名，四嶽之後也，爲諸侯，相穆王，訓夏之贖刑，以告四方。一人，謂天子也。慶，善也。十億爲兆。言天子有善德，兆民賴其福也。夫明王設位，法象天地，是以天子禀命於天，而布德於諸侯。諸侯受命，而宣於卿大夫。卿大夫承教，而告於百姓。故諸侯有善，讓功天子；卿大夫有善，推美諸侯；士庶人有善，歸之卿大夫；子弟有善，移之父兄。由于上之德化也。○相，息亮反。夏，户雅反。贖，神蜀反。夫，音扶。推，吐雷反。

諸侯章第三 經七十六字

子曰：「居上不驕，高而不危；

高者必以下爲基，故居上位不驕。莫不好利而惡害，其能與百姓同利者，則萬民持之，是以雖處高，猶不危也。○好，呼報反。惡，烏路反。處，昌呂反。

制節謹度，滿而不溢。

有制有節，謹其法度，是守足之道也。其知守其足，則雖滿而不盈溢矣。

高而不危，所以長守貴也；滿而不溢，所以長守富也。

皆自然也。先王疾驕，天道虧盈。不驕不溢，用能長守富貴也。是故自高者，必有下之；自多者，必有損之。故古之聖賢，不上其高，以求下人；不溢其滿，以謙受人，所以自終也。○下人，遐嫁反。

富貴不離其身，然後能保其社稷，而和其民人，蓋諸侯之孝也。

有其德，斯其爵矣。有其爵，斯其社稷矣。居身於德，處尊於爵，據有社稷，行其政令，則人民和輯，四境以寧，諸侯之孝道，其法如此也。○離，力智反。處，昌呂反。輯，音集。

《詩》云：『戰戰兢兢，如臨深淵，如履薄冰。』」

《詩·小雅·小旻》之章，自危懼之詩也。行孝亦然，故取喻焉。臨深淵恐墜，履薄冰恐陷，言常不敢自康也。夫能自危者，則能安其位者也；憂其亡者，則能保其存者也；懼其亂者，則能有其治者也。故君子安而不忘危，存而不忘亡，治而不忘亂，是以身安而國家可保也。○兢，居陵反。治，直吏反，下同。

卿大夫章第四 經九十四字

子曰：「非先王之法服不敢服，

服者，身之表也。尊卑貴賤，各有等差。故賤服貴服，謂之僭上，僭上爲不忠；貴服賤服，謂之偪下，偪下爲失位。是以君子動不違法，舉不越制，所以成其德也。○差，初佳反，又初宜反。偪，彼力反。

非先王之法言不敢道，

法言，謂孝弟忠信，仁誼禮典也。此八者，不易之言也。非此則不說也。故能參德於天地，公平無私，賢不肖莫不用是，先王之所以合于道也。○弟，大計反。

非先王之德行不敢行。

脩德於身，行之於人。擬而後言，議而後動。擬議以其志，勤以行其典誼，中能應外，施必先當，是以上安而下化之也。○德行，下孟反。當，丁浪反。

是故非法不言，非道不行；

必合典法，然後乃言；必合道誼，然後乃行也。無定之士，明王不禮；無度之言，明王不許也。尤所宜慎，故申覆之。法服有制，是以不重也。○覆，芳伏反。重，直用反。

口亡擇言，身亡擇行；

言所可言，行所可行，故言行皆善，無可棄擇者焉。若夫偷得利而後有害，偷得樂而後有憂，則先王所不言，所不行也。○亡，音無，下皆同。行，下孟反，傳「言行」同。夫，音扶。樂，音洛。

言滿天下亡口過，行滿天下亡怨惡。

聖人詳慎，與世超絶，發言必顧其累，將行必慮其難，故出言而天下説之，所行而天下樂之。言不逆民，行不悖事，則人恐其不復言，恐其不復行。若言之不可復者，其事不信也；行之不可再者，其行暴賊也。言而不信，則民不附；行而暴賊，則天下怨。民不附，天下怨，此皆滅亡所從生也。○行，下孟反，傳「行不」「行之」「其行」皆同。惡，烏路反。累，劣僞反。難，乃旦反。説，音悦。樂，音洛。悖，補對反。復，扶又反，下同。

三者備矣，然後能保其禄位，而守其宗廟，蓋卿大夫之孝也。

三者，謂服應法，言有則，行合道也。立身之本，在此三者，三者無闕，則可以安其位，食其禄，祭祀祖考，護守宗廟。宗者，尊也。廟者，貌也。父母既没，宅兆其靈，於之祭祀，謂之尊貌。此卿大夫之所以爲孝也。○行，下孟反。

《詩》云：『夙夜匪解，以事一人。』」

《詩·大雅·烝民》，美仲山甫之章也。仲山甫爲周宣王之卿大夫，以事天子得其道，故取成誼焉。言其「柔嘉維則，令儀令色，小心翼翼，古訓是式，威儀是力」，「既明且哲，以保其身」，皆與此誼同也。○解，佳賣反。

士章第五 經八十六字

子曰：「資於事父以事母，其愛同；

資，取也。取事父之道以事母，其愛同也。

資於事父以事君，其敬同。

言愛父與母同，敬君與父同也。

故母取其愛，而君取其敬，兼之者，父也。

母至親而不尊，君至尊而不親，唯父兼尊親之誼焉。夫至親者則敬不至，至尊者則愛不至，人常情也。是故爲人父者，不明父子之誼以教其子，則子不知爲子之道以事其父。爲人君者，不明君臣之誼以正其臣，則臣不知爲臣之理以事其主。君臣以誼固，上下以序和，衆庶以愛輯，則主有令而民行之，上有禁而民不犯也。○夫，音扶。輯，音集。

故以孝事君則忠，

孝者，子婦之高行也；忠者，臣下之高行也。父母教而得理，則子婦孝。子婦孝，則親之所安也。能盡孝以順親，則當於親。當於親，則美名彰。人君寬而不虐，則臣下忠。臣下忠，則君之所用也。能盡忠以事上，則當於君。當於君，則爵禄至。是故執人臣之節以事親，其孝可知也；操事親之道以事君，其忠必矣。○行，下孟反，下同。操，七刀反。

以弟事長則順。

弟者，善事兄之謂也。順生於弟，故觀其所以事兄，則知其所以事長也。○弟，大計反，傳同。長，丁丈反，傳同。

忠順不失，以事其上，然後能保其爵禄，而守其祭祀，蓋士之孝也。

上，謂君長也。此撮凡舉要，申解爲士之誼，所以能保其爵禄而守其祭祀者，則以其不失忠順於君長故也。○長，丁丈反，下同。

《詩》云：『夙興夜寐，亡忝爾所生。』

《詩·小雅·小宛》之章也，言日月流邁，歲不我與，當夙起夜寐，進德修業，以無忝辱其父母也。能揚名顯父母，保位守祭祀，非以孝弟，莫由至焉也。○亡音無。宛，於阮反。弟，大計反。

庶人章第六經二十四字

子曰：「因天之時，就地之利，

天時，謂春生夏長，秋收冬藏也。地利，謂原隰水陸，各有所宜也。庶人之業，稼穡爲務，審因四時，就於地宜，除田擊槁，深耕疾耰。時雨既至，播殖百穀，挾其槍刈，修其壟畝。脱衣就功，暴其髮膚，旦暮從事，霑體塗足。少而習焉，其心休焉。是故其父兄之教，不肅而成；其子弟之學，不勞而能也。○長，丁丈反。槁，古老反。耰，於求反。槍，七羊反。刈，魚廢反。暴，步木反。少，詩照反。

謹身節用，以養父母，此庶人之孝也。」

謹身者，不敢犯非也。節用者，約而不奢也。不爲非則無患，不爲奢則用足。身無患悔，而財用給足，以恭事其親，此庶人之所以爲孝也。○養，羊尚反。

孝平章第七經二十五字

子曰：「故自天子以下，至於庶人，

故者，故上陳孝五章之誼也。

孝亡終始，而患不及者，未之有也。」

躬行孝道，尊卑一揆。人子之道，所以爲常也。必有終始，然後乃善。其不能終始者，必及患禍矣。故爲君而惠，爲父而慈，爲臣而忠，爲子而順，此四者，人之大節也。大節在身，雖有小過，不爲不孝。爲君而虐，爲父而暴，爲臣而不忠，爲子而不順，此四者，人之大失也。大失在身，雖有小善，不得爲孝。上章既品其爲孝之道，此又總説其無終始之咎，以勉人爲高行也。○行，下孟反。

三才章第八 經一百二十九字

曾子曰：「甚哉，孝之大也！」

曾子聞孝爲德本，而化所由生，自天子達庶人焉。行者遇福，不用者蒙患，然後乃知孝之爲甚大也。

子曰：「夫孝，天之經也，地之誼也，民之行也。

經，常也。誼，宜也。行，所由也。亦皆謂常也。夫天有常節，地有常宜，人有常行，一設而不變，此謂三常也，孝其本也。兼而統之，則人君之道也；分而殊之，則人臣之事也。君失其道，無以有其國。臣失其道，無以有其位。故上之畜下不妄，下之事上不虛，孝之致也。○夫，音扶，傳同。行，下孟反，傳同。畜，許六反。

天地之經，而民是則之。

是，是此誼也。則，法也。治安百姓，人君之則也。訓護家事，父母之則也。諫争死節，臣下之則也。盡力善養，子婦之則也。人君不易其則，故百姓説焉；父母不易其則，故家事脩焉；臣下不易其則，故主無僁焉；子婦不易其則，故親養具焉。斯皆法天地之常道也，是故用則者安，不用則者危也。○争，音諍。養，羊尚反，下同。説音悦。僁，與「愆」同，起虔反。

則天之明，因地之利，以訓天下。

夫覆而無外者，天也，其德無不在焉。載而無棄者，地也，其物莫不殖焉。是以聖人法之，以覆載萬民；萬民得職，而莫不樂用。故天地不爲一物枉其時，日月不爲一物晦其明，明王不爲一人枉其法。法天合德，象地無缺，取日月之無私，則兆民賴其福也。○夫，音扶。覆，扶又反，下同。樂，五教反。爲，于僞反，下同。

是以其教不肅而成，其政不嚴而治。

以其脩則，且有因也。登山而呼，音達五十里，因高之響也；造父執御，千里不疲，因馬之勢也。聖人因天地以設法，循民心以立化，故不加威肅而教自成，不加嚴刑而政自治也。○治，直吏反，傳同。呼，火故反。造，七報反。父，音甫。

先王見教之可以化民也，

識見教化，終始之歸，故設之焉。

是故先之以博愛，而民莫遺其親；

博愛，汎愛衆也。先垂博愛之教，以示親親也，故民化之而無有遺忘其親者也。

陳之以德誼，而民興行；

陳，布也。布德誼以化天下，故民起而行德誼也。

先之以敬讓，而民不争；

上爲敬則下不慢，上好讓則下不争。上之化下，猶風之靡草，故每輒以己率先之也。○好，呼報反。率，所律反。

道之以禮樂，而民和睦；

禮以强教之，樂以説安之，君有父母之恩，民有子弟之敬。於是乎道之斯行，綏之斯來，動之斯和，感之斯睦也。○道，音導，傳同。强，其丈反。説，音悦。

綏，音雖。

示之以好惡，而民知禁。

好，謂賞也。惡，謂罰也。賞罰明而不可欺，法禁行而不可犯，分職察而不可亂，人君所以令行而禁止也。令行禁止者，必先令於民之所好，而禁於民之所惡，然後詳其鈇鉞，慎其祿賞焉。有不聽而可以得存者，是號令不足以使下也。有犯禁而可以得免者，是鈇鉞不足以威衆也。有無功而可以得富者，是祿賞不足以勸民也。號令不足以使下，鈇鉞不足以威衆，祿賞不足以勸民，則人君無以自守之也。○好，呼報反，傳同。惡，烏路反，傳同。分，扶問反。鈇，方于反。鉞，音越。

《詩》云：『赫赫師尹，民具爾瞻。』

《詩·小雅·節南山》之章也。赫赫，顯盛也。師，大師。尹氏，周之三公也。具，皆也。爾，女也。言居顯盛之位，衆民皆瞻仰之，所行不可以違天地之經也。善惡則民從，故有位者慎焉。○赫，火百反。節，音截。大，音泰。女，音汝。

孝治章第九 經一百四十四字

子曰：「昔者明王之以孝治天下也，

所謂明者，照臨羣下，必得其情也。故下得道上，賤得道貴，卑者不待尊寵而亢，大臣不因左右而進，百官脩道，各奉其職。有罰者，主亢其罪；有賞者，主知其功。亢知不悖，賞罰不差。有不蔽道，故曰明。所謂孝者，至德要道也。治亦訓也。若乃沴官不忠，非孝也；不愛萬物，非孝也；接下不惠，非孝也；事上不敬，非孝也。○亢，苦浪反，下同。沴，音利，一音類。

不敢遺小國之臣，而況於公侯伯子男乎？

小國之臣，臣之卑者也。公侯伯子男，凡五等，皆國君之尊爵也。卑猶不敢遺忘，尊者見敬可知也。

故得萬國之歡心，以事其先王。

萬國者，舉盈數也。明王崇愛敬以接下，則下竭歡心而應之。是故損上益下，民説無疆；自上下下，其道大光。事之者，謂四時享祀，駿奔走在廟也。○説，音悦。疆，居良反。下下，上遐嫁反。

治國者，不敢侮於鰥寡，而況於士民乎？

鰥寡之人，人之尤疲弱者。猶且不侮慢之，況於士民乎？

故得百姓之歡心，以事其先君。

説天子言先王，道諸侯言先君，皆明其祖考也。凡民，愛之則親，利之則至，是以明君之政，設利以致之，明愛以親之。若徒利而不愛，則衆不親；徒愛而不利，則衆不至。愛利俱行，衆乃説也。○乃説，音悦。

治家者，不敢失於臣妾之心，而況於妻子乎？

卿大夫稱家。臣之與妾，賤人也。妻之與子，貴者也。接賤不失禮，則其敬貴必矣。

故得人之歡心，以事其親。

人，謂采邑之人也。愛利不失，得其歡心，所以供事其親。不言先者，大夫以賢舉，包父祖之見在也。○采，七代反。見，賢遍反。

夫然，故生則親安之，祭則鬼享之。

夫然，猶言如是。生盡孝養，故親安之。祭致齊敬，故鬼饗之。謂其祖考也。○夫，音扶，傳同。養，羊尚反。齊，側皆反。

是以天下和平，災害不生，禍亂不作。

上下行孝，愛敬交通，天下和平，人和神説，故妖孽不生，禍亂不起也。○説，音悦。孽，魚列反。

故明王之以孝治天下也如此。

如此，福應也。行善則休徵報之，行惡則咎徵隨之，皆行之致也。此有諸侯及卿大夫之事，而主於明王者，下之能孝，化於上也。○皆行，下孟反。

《詩》云：『有覺德行，四國順之。』

《詩·大雅·抑》之章也。覺，直也。言先王行正直之德，則四方之衆國，皆順從法則之也。○行，下孟反。

聖治章第十經一百四十一字

曾子曰：「敢問聖人之德，亡以加於孝乎？」曾子聞明王以孝道化天下，如上章之詳。故知聖人建德，無以尚於孝矣。○亡，音無。

子曰：「天地之性，人爲貴。人之行，莫大於孝。性，生也。言凡生天地之間，含氣之類，人最其貴者也。正君臣上下之誼，篤父子兄弟夫妻之道，辨男女内外疏數之節，章明福慶，示以廉恥，所以爲貴也。孝者，德之本，教之所由生也。故人之行，莫大於孝焉。○行，下孟反，傳同。數，色角反。

孝莫大於嚴父，嚴父莫大於配天，則周公其人也。

嚴，尊也。言爲孝之道，無大於尊嚴其父，以配祭天帝者。周公親行此莫大之誼，故曰則其人也。

昔者周公郊祀后稷以配天，

凡禘郊祖宗，皆祭祀之别名也。天子祭天，周公攝政，制之祀典也。於祭天之時，后稷佑坐而配食之也。○禘，大計反。

宗祀文王於明堂以配上帝。

上言郊祀，此言宗祀，取名雖殊，其誼一也。明堂，禮誼之堂，即周公相成王，所以朝諸侯者也。上帝，亦天也。文王於明堂，后稷於圜丘也。○相，息亮反。朝，直遥反。圜，音員。

是以四海之内，各以其職來助祭。夫聖人之德，又何以加於孝乎？

人主以孝道化民，則民一心而奉其上。萬姓之事，固非用威烈，以忠愛也。周公秉人君之權，操必化之道，以治必用之民；處人主之勢，以御必服之臣。是以教行而下順，海内公侯，奉其職貢，咸來助祭，聖孝之極也，復何以加之孝乎？○夫，音扶。秉，音丙。操，七刀反。處，昌吕反。復，扶又反。

是故親生毓之，以養父母日嚴。

育之者，父母也。故其敬父母之心，生於育之恩。是以愛養其父母，而致尊嚴焉。○毓，古「育」字。養，羊尚反，傳同。日，人質反。

聖人因嚴以教敬，因親以教愛。

言其不失於人情也。其因有尊嚴父母之心，而教以愛敬，所以愛敬之道成，因本有自然之心也。

聖人之教，不肅而成，其政不嚴而治，其所因者本也。」

凡聖人設教，皆緣人之本性，而道達之也。故不加威肅而教成，不加嚴刑而政治，以其皆因人之本性故也。○治，直吏反，傳同。道，音導。

父母生績章第十一 經三十字

子曰：「父子之道，天性也，

言父慈而教，子愛而箴，愛敬之情出於中心，乃其天性，非因篤也。

君臣之誼也。

親愛相加，則爲父子之恩；尊嚴之，則有君臣之誼焉。此又所以爲兼之事也。

父母生之，績莫大焉；君親臨之，厚莫重焉。」

績，功也。父母之生子，撫之育之，顧之復之，攻苦之功，莫大焉者也。有君親之愛，臨長其子，恩情之厚，莫重焉者也。凡上之所施於下者厚，則下之報上亦厚。厚薄之報，各從其所施。薄施而厚饋，雖君不能得之於臣，雖父不能得之於子。民之從於厚，猶饑之求食，寒之欲衣，厚則歸之，薄則去之，有由然也。○長，丁丈反。饋，其位反。

孝優劣章第十二 經一百二十字

子曰：「不愛其親而愛他人者，謂之悖德；不敬其親而敬他人者，謂之悖禮。

盡愛敬之道，以事其親，然後施之於人，孝之本也。違是道，則悖亂德禮也。○悖，補對反，下及傳皆同。

以訓則昏，民亡則焉。

夫德禮不易，靡人不懷；德禮之悖，人莫之歸。故以訓民則昏亂，昏亂之教，則民無所取法也。○亡，音無。夫，音扶。

不宅於善，而皆在於凶德。

宅，居也。孝弟敬順爲善德，昏亂無法爲凶德。不愛其親，非孝弟也；不敬其親，非敬順也。故曰「不居於善，皆在於凶德」也。○弟，大計反，下同。

雖得志，君子弗從也。

得志，謂居位行德也。不誼而富貴，於我如浮雲。無潤澤於萬物，故君子弗從。以言邦無善政，不昧食其禄也。

君子則不然，

既不爲悖德悖禮之事，又不爲苟求富貴也。

言思可道，行思可樂；

言則思忠，行則思敬，不虚言行也。思可道之言，然後乃言，言必信也。思可行之事，然後乃行，行必果也。合乎先王之法言，故可道；合乎先王之德行，故可行也。○行，下孟反，傳「行則」「言行」「行必」「德行」皆同。樂，音洛。

德誼可尊，作事可法；

立德行誼，不違道正，故可尊也。制作事業，動得物宜，故可法也。

容止可觀，進退可度。

容止，威儀也。進退，動静也。正其衣冠，尊其瞻視，俯仰曲折，必合規矩，則可觀矣。詳其舉止，審其動静，進退周旋，不越禮法，則可度矣。度者，其禮法也。

以臨其民，是以其民畏而愛之，則而象之。

以者，以君子言行、德誼、進退之事也。整齊嚴栗，則民畏之；温良寬厚，則民愛之。畏之則用，愛之則親。民親而用，則君道成矣。君有君之威儀，則臣下則而象之，故其在位可畏，施舍可愛，進退可度，周旋可則，容止可觀，作事可法，德誼可象，聲氣可樂，動作有文，言語有章，以臨其民，謂之有威儀也。

○行，下孟反。樂，音洛。

故能成其德教，而行其政令。

上正身以率下，下順上而不違，故德教成而政令行也。教成政行，君能有其國家，令聞長世；臣能守其官職，保族供祀；順是以下皆若是，是以上下能相固也。○聞，音問。

《詩》云：『淑人君子，其儀不忒。』」

《國風·曹詩·尸鳩》之章也。言善人君子之於威儀無差忒，所以明用上誼也。○忒，他得反。

紀孝行章第十三 經九十三字

子曰：「孝子之事親也，

條說所以事親之誼也。

居則致其敬，養則致其樂，

謂虔恭朝夕，盡其歡愛，和顔説色，致養父母，孝敬之節也。○養，羊尚反，傳同。樂，音洛。説，音悦。

疾則致其憂，喪則致其哀，祭則致其嚴。

父母有疾，憂心慘悴，卜禱嘗藥，食從病者，衣冠不解，行不正履，所謂「致其憂」也。親既終没，思慕號咷，斬衰歠粥，卜兆祖葬，所謂「致其哀」也。既葬後，反虞、祔、練祥之祭，及四時吉祀，盡其齊敬之心，又竭其尊肅之敬，所謂「致其嚴」也。○慘，千感反。悴，在醉反。號，户刀反。咷，道刀反。衰，七雷反。歠，川悦反。祔，音附。齊，側皆反。

五者備矣，然後能事其親。

五者，奉生之道三，事死之道二。備此五者之誼，乃可謂能事其親也。

事親者，居上不驕，爲下不亂，在醜不争。

上，上位也。醜，羣類也。不驕，善接下也。不亂，奉上命也。不争，務和順也。

居上而驕則亡，爲下而亂則刑，在醜而争則兵。

驕而無禮，所以亡也。亂而不恭，所以刑也。争而不讓，所以兵也。謂兵刃見及也。

此三者不除，雖日用三牲之養，猶爲不孝也。」

三者，謂驕、亂、争也。不除，言在身也。三牲，牛羊豕也。猶，固也。三者在身，死亡將至，既自受禍，父母蒙患，雖日用三牲供養，固爲不孝也。○養，羊尚反，傳同。猶，音由。

五刑章第十四 經三十七字

子曰：「五刑之屬三千，

五刑，謂墨、劓、剕、宮、大辟也。其三千條。墨辟之屬千，刻其顙，墨之也。劓辟之屬千，截其鼻也。剕辟之屬五百，斷其足也。宮辟之屬三百，割其勢也。大辟之屬二百，死刑也。凡五刑之屬三千也。○劓，魚器反。剕，扶味反。辟，婢亦反，下同。顙，息郎反。斷，音短。

而辠莫大於不孝。

言不孝之辠大於三千之刑也。辠者，謂居上而驕，爲下而亂，在醜而争之比也。○辠，古「罪」字。

要君者亡上，非聖人者亡法，非孝者亡親。

要，謂約勒也。君者，所以稟命也；而要之，此有無上之心者也。聖人制法，所以爲治也；而非之，此有無法之心者也。孝者，親之至也；而非之，此有無親之心者也。三者皆不孝之甚也。○要，於遥反，傳同。亡，音無，下同。勒，郎得反。治，直吏反。

此大亂之道也。」

此，無上、無法、無親也。言其不恥不仁不畏不誼，爲大亂之本，不可不絕也。凡爲國者，利莫大於治，害莫大於亂。亂之所生，生於不祥。上不愛下，下不供上，則不祥也。羣臣不用禮誼，則不祥也。有司離法而專違制，則不祥也。故法者，至道也，聖君之所以爲天下儀，存亡治亂之所出也，君臣上下皆發焉，是以明王置儀設法而固守之，卿相不得存其私，羣臣不得便其親。百官之事，案以法，則姦不生；暴慢之人，繩以法，則禍亂不起。夫能生法者，明君也；能守法者，忠臣也；能從法者，良民也。○治，直吏反，下同。離，力智反。相，息亮反。夫，音扶。

廣要道章第十五 經八十一字

子曰：「教民親愛，莫善於孝。

孝者，愛其親以及人之親。孝行著，而愛人之心存焉。故欲民之相親愛，則無善於先教之以孝也。○行，下孟反。

教民禮順，莫善於弟。

弟者，敬其兄以及人之長。能弟者，則能敬順於人者也。故欲民之以禮相順，則無善於先教之以弟也。○弟，大計反，傳同。長，丁丈反。

移風易俗，莫善於樂。

風，化也。俗，常也。移太平之化，易衰弊之常也。樂，五聲之主，盪滌人之心，使和易專一，由中情出者也。故其聞之者，雖不識音，猶屏息靜聽，深思遠慮。其知音，則循宫商而變節，隨角徵以改操。是以古之教民，莫不以樂，以皆爲無尚之故也。○盪，唐黨反。滌，徒歷反。和易，以豉反。屏，必領反。徵，張里反。

安上治民，莫善於禮。

言禮最其善，孝弟之實用也。國無禮，則上下亂而貴賤争，賢者失所，不肖者蒙幸。是故明王之治，崇等禮以顯之，設爵級以休之，班禄賜以勸之，所以政成也。〇弟，大計反。

禮者，敬而已矣。

禮主於敬，敬出於孝弟，是故禮經三百，威儀三千，皆殊事而合敬，異流而同歸也。〇弟，大計反。

故敬其父則子説，敬其兄則弟説，敬其君則臣説。

此言先王以子、弟、臣道化天下，而天下子、弟、臣説喜也。教之以孝，是敬其父；教之以弟，是敬其兄；教之以臣，是敬其君也。〇説，音悦，傳同。以弟，大計反。

敬一人，而千萬人説。

上説所以施敬之事，此總而言也。一人者，各謂其父、兄、君。千萬人者，羣子、弟及臣也。〇説，音悦。

所敬者寡，而說者衆，此之謂要道也。」

寡，謂一人也。衆，謂千萬人也。以孝道化民，此其要者矣。所以說成敬一人之誼也。○說，音悦。

廣至德章第十六 經八十三字

子曰：「君子之教以孝也，非家至而日見之也。

此又所以申明上章之誼焉。言君子之教民以孝，非家至而日見語之也。君子，亦謂先王也。夫蛟龍得水，然後立其神；聖人得民，然後成其化也。○語，魚據反。夫，音扶。蛟，音交。

教以孝，所以敬天下之爲人父者也。

所謂「敬其父則子説」也。以孝道教，即是敬天下之爲人父者也。○說，音悦。

教以弟，所以敬天下之爲人兄者也。

所謂「敬其兄則弟説」也。以弟道教，即是敬天下之爲人兄者也。○弟，大計反，傳「以弟」同。説，音悦。

教以臣，所以敬天下之爲人君者也。

所謂「敬其君則臣説」也。以臣道教，即是敬天下之爲人君者也。古之帝王，父事三老，兄事五更，君事皇尸，所以示子弟臣人之道也。及其養國老，則天子袒而割牲，執醬而饋之，執爵而酳之，盡忠敬於其所尊，以大化天下焉。皇，君也。事尸者，謂祭之象者也，尸即所祭之像，故臣子致其尊嚴也。三老者，國之舊德，賢俊而老，所從問道誼，故有三人焉。五更者，國之臣，更習古事，博物多識，所從諮道訓，故有五人焉。○説，音悦。更，音庚，下同。袒，音但。饋，其位反。酳，以仞反。

《詩》云：『愷悌君子，民之父母。』

《詩·大雅·泂酌》之章也。愷，樂；悌，易也。言君子敬以居身，樂易于人，其貴老慈幼，忠愛之心，似民之父母。故以此詩明之也。○愷，苦亥反。悌，大計反。泂，音迥。樂，音洛，下同。易，以豉反，下同。

非至德，其孰能訓民如此其大者乎？」

孝之爲德其至矣，故非有孝德，其誰能以孝教民如此其大者乎？言敷德以化下，下皆順而從之也。

應感章第十七經一百十三字

子曰：「昔者明王事父孝，故事天明；事母孝，故事地察。

孝，謂立宗廟，豐祭祀也。王者父事天，母事地，能追孝其父母，則事天地不失其道；不失其道，則天地之精爽明察矣。

長幼順，故上下治。

謂「克明厥德，以親九族」也。長者於王，父兄之列也。幼者於王，子弟之屬也。能順其長幼之節，則親疏有序，而以之化天下，上下不亂也。○長，丁丈反，傳同。治，直吏反。屬，章欲反。

天地明察，鬼神章矣。

章，著也。天地既明察，則鬼神之道不得不著也。謂人神不擾，各順其常，禍災不生也。

故雖天子，必有尊也；言有父也，必有先也；言有兄也，必有長也。

更申覆上誼也。天子雖尊，猶尊父，事死如事生，宗廟致敬是也。○長，丁丈反。覆，芳伏反。

宗廟致敬，不忘親也。修身慎行，恐辱先也。

説所以事父母之道也。立廟設主，以象其生存；潔齊敬祀，以追孝繼思；脩行揚名，以顯明祖考。皆孝敬之事也。所以不敢不勉爲之者，恐辱其先祖故也。○行，下孟反，傳同。齊，側皆反。

宗廟致敬，鬼神著矣。

上句言「天地明察，鬼神以章」，此句言「宗廟致敬，鬼神以著」，言上下各致敬，以祀其先人，則鬼神有所依歸，不相干犯也。言無凶癘也。○癘，音厲。

孝弟之至，通於神明，光於四海，亡所不暨。

光，充也。暨，及也。明王〔一〕以孝治天下，則癘鬼爲之不神。不神者，不爲患害也。其精神徵應如此，故曰通於神明。又充塞于天地之閒焉，無所不及，言普洽也。○弟，大計反。亡，音無。暨，其器反。爲，于僞反。塞，先北反。洽，户甲反。

《詩》云：『自東自西，自南自北，亡思不服。』」

《詩·大雅·文王有聲》之章也。美武王孝德之至，而四方皆來服從，與「光于四海，無所不暨」誼同，故舉以明此誼也。○亡，音無。

〔一〕「王」原作「主」，據日本寶曆十一年（一七六一）紫芝園刻本改。

廣揚名章第十八 經四十四字

子曰：「君子事親孝，故忠可移於君；

能孝於親，則必能忠於君矣。求忠臣必於孝子之門也。

事兄弟，故順可移於長；

善事其兄，則必能順於長矣。忠出于孝，順出於弟，故可移事父兄之忠順，以事於君長也。○弟，大計反，傳同。長，丁丈反，傳同。

居家理，故治可移於官。

能理於家者，則其治用可移於官。君子之於人，内觀其事親，所以知其事君；内察其治家，所以知其治官。是以言治者，必效之以其實；譽人者，必試之以其官。故虚言不敢自進，不肖不敢處官也。○治，直吏反，傳「其治」「言治」同。譽，音餘。處，昌吕反。

是以行成於内，而名立於後世矣。」

孝弟之行，事父兄也，而忠順出焉。能理于其家閨門事也，而治官出焉。所謂「行成於内，而名立於後世」也。昔虞舜生於畎畝，父頑母嚚，弟又佷傲。用能理率行孝道，烝烝不怠。天下推之，萬姓詠之，彌歷千載，而聲聞不亡，所謂「揚名後世，以顯父母」也。○行，下孟反，傳「之行」「行成」同。弟，大計反。畎，工犬反。嚚，魚巾反。佷，與「狠」同，胡懇反。推，吐雷反。聞，音問。

閨門章第十九 經二十四字

子曰：「閨門之内，具禮矣乎！

上章陳孝道既詳，故於此都目其爲具禮矣。夫禮，經國家，定社稷，厚人民，利後嗣者也。君子脩孝於閨門，而事君事長，以治官之誼備存焉。○夫，音扶。長，丁丈反。

嚴親、嚴兄。

所以言具禮之事也。嚴親，孝；嚴兄，弟也。孝以事君，弟以事長，而忠順之節著矣。○弟，大計反，下同。長，丁丈反。

妻子臣妾，繇百姓徒役也。」

臣，謂家臣僕也。故「家人有嚴君焉，父之謂也」。父謂嚴君，而兄爲尊長，則其妻子臣妾，猶百姓徒役。是故君子役私家之内，而君人之禮具矣。○繇，音由。長，丁丈反。

諫争章第二十經一百四十八字

曾子曰：「若夫慈愛龔敬、安親揚名，參聞命矣。

慈愛者，所以接下也。恭敬者，所以事上也。安親揚名者，孝子之行也。曾子稱名曰：「參既得聞此命也。」○夫，音扶。龔，與「恭」同。參，所金反，下同。行，下孟反。

敢問子從父之命，可謂孝乎？」

疑思問也。夫親愛禮順，非違命之謂也，以爲於誼有闕，是以問焉。○夫，音扶。

子曰：「參，是何言與？是何言與？言之不通邪。

再言之者，非之深也。可否相濟謂之和，以水濟水謂之同。和實生民，同則不繼。務在不違，同也。從是争非，和也。曾子魯鈍，不推致此誼，故謂之不通也。○與，音餘，下同。邪，音耶。争，音諍。

昔者天子有争臣七人，

七人，謂三公及前疑、後丞、左輔、右弼也。凡此七官，主諫正天子之非也。○争，音諍，章内及傳皆同。

雖亡道，不失天下；

無道者，不循先王之至德要道也。不失天下，言從諫也。帝王之事，一日萬機，萬機有闕，天子受之禍，故立諫争之官，以匡己過。過而能改，善之大者也。故凡諫，所以安上，猶食之肥體也。主逆諫則國亡，人呰食則體瘠也。○

亡，音無，下「亡道」同。呰，音紫。瘠，在昔反。

諸侯有争臣五人，

自上以下，降殺以兩，故五人。五人，謂天子所命之孤卿，及國之三卿與大夫也。○殺，所戒反。

雖亡道，不失其國；

誰非聖人，不能無愆，從諫如流，斯不亡失也。○愆，起虔反。

大夫有争臣三人，

三人，謂家相、宗老、側室也。○相，息亮反。

雖亡道，不失其家；

皆謂能受正諫，善補過也。天子王有四海，故以天下爲稱；諸侯君臨百姓，故以國爲名；大夫禄食采邑，故以家爲號。凡此皆周之班制也。○稱，尺證反。采，七代反。

士有争友，則身不離於令名；

同志爲友。士以道誼相切磋者，故有非，則忠告之以善道，謂之争友。不離善名，言常在身也。○離，力智反，傳同。磋，七何反。告，古毒反。

父有争子，則身不陷於不誼。

父有過，則子必安幾諫。見志而不從，起敬起孝，説顔説色，則復諫也。又不從，則號泣而從之，終不使父陷于不誼而已。則孝子之道也。○幾，音機。説，音悦，下同。復，扶又反。號，户刀反。

故當不誼，則子不可以不争於父，

當，值也。值父有不誼之事，子不可以不諫争也。

臣不可以不争於君。

事君之禮，值其有非，必犯嚴顔以道諫争。三諫不納，奉身以退。有匡正之忠，無阿順之從，良臣之節也。若乃見可諫而不諫，謂之尸位；見可退而不退，謂之懷寵。懷寵、尸位，國之姦人也。姦人在朝，賢者不進。苟國有患，則優俺侏儒必起議國事矣，是謂人主毆國而捐之也。○三，息暫反。朝，直遥反。俺，與「閹」同，一作「奄」。毆，起俱反。

故當不誼則争之。從父之命，又安得爲孝乎？」

從命不得爲孝，則諫爲孝矣。故臣子之於君父，值其不誼則必諫争，所以爲忠孝者也。重見「當其不誼」也。夫臣能固争，至忠；子能固諫，至孝也。人主忌忠，謂之不君；人父忌孝，謂之不父。忌忠孝，則大亂之本也。○重，直用反。夫，音扶。

事君章第二十一 經四十九字

子曰：「君子之事上也，

上，謂君父。此之謂君子，以德稱也。有君子之德而在下位，固所以宜事君也。

進思盡忠，退思補過，

進見於君，則必竭其忠貞之節，以圖國事，直道正辭，有犯無隱。退還所職，思其事宜，獻可替否，以補主過，所以爲忠。君有過而臣不行，謂之補過也。○見，賢遍反。

將順其美，匡救其惡，

將，行也。宜行其法令，順之而不逆。君有過，臣舉言而匡之，救其邪辟之行，使不至於惡，此臣之所以爲功也。故明王審言教以清法，案分職以課功，立功者賞，亂政者誅，誅賞之所加，各得其宜也。○辟，匹亦反。之行，下孟反。分，扶問反。

故上下能相親也。

道主以先王之行，拯主於無過之地，君臣並受其福，上下交和，所謂「相親」。是故詳才量能，講德而舉，上之道下也；盡忠守節，謨明弼諧，下之事上也。爲人君而下知臣事，則有司不任；爲人臣而上專主行，則上失其威。是以有道之君，務正德以涖下，而下不言知能之術。知能，下所以供上也。所以用知能者，上之道也。故不言知能而政治者，善人舉，官人得，視聽者衆也。夫人君坐萬物之源，而官諸生之職者也。上有其道，下守其職，上下之分定也。○道，音導，下「道下」同。行，下孟反，下〔二〕同。拯，拯救之拯。涖，音利，又音類。治，直吏反。夫，音扶。分，扶問反。

《詩》云：『心乎愛矣，遐不謂矣。

「遐不謂矣」，言謂之也。君子心誠愛其上，則遠乎不以善事語之也。○語，魚據反。

忠心臧之，何日忘之？』」

〔二〕「下」原作「而」，據寶曆本改。

君子忠心實善，則何日豈忘謂其上乎？言每欲語之也。君子事上，誼與《詩》同，故取以明之。此《詩·小雅·隰桑》之章也。○臧，子郎反。語，魚據反。

喪親章第二十二經一百四十二字

子曰："孝子之喪親也，

父母没，斬衰居憂，謂之喪親也。○衰，七雷反，後皆同。

哭不依，禮亡容，

斬衰之哭，其聲若往而不反，無依違餘音也。喪事質素，無容儀，所以主於哀也。○亡，音無，下同。

言不文，

發言不文飾其辭也。斬衰之言，唯而不對，所以爲不文也。○唯，維癸反。

服美不安，

夫唯不安，故不服也。美謂錦繡盛服也。先王制禮，稱情立文，凶服象其憂，吉服象其樂，各所以表飾中情也。是以衰麻在身，即有悲哀之色；端冕在身，即有矜莊之色；介冑在身，即有可畏之色也。○夫，音扶。稱，尺證反。樂，音洛。

聞樂不樂，食旨不甘，

旨亦美也。其不樂，故不聽；不美，故不食。孝子思慕之至也。○不樂，音洛，傳同。

此哀戚之情也。

所以解上六句之誼，明有内發，非虛加也。

三日而食，教民亡以死傷生也。

禮，親終，哭踊無數，水漿不入口，毀竈不舉火。既斂之後，鄰里爲之饘粥以飲食之。三日以終者，聖人立制足文理，不以死傷生也。○斂，力驗反，後同。

饘，之然反。粥，之六反。飲，於鴆反。食，音嗣。

毀不滅性，此聖人之正也。

孝子在喪，可以毀瘠，杖然後起，而不可滅性。滅性，謂不勝喪而死。不勝喪，則此比於不孝。此聖人之正制也。○瘠，在昔反。勝，音升，下同。

喪不過三年，示民有終也。

孝子有終身之憂，然三年之喪，二十五月而畢。服節雖闋，心弗之忘。若遂其本性，則是無窮也。故以禮取中，制爲三年，使賢者俯就，不肖者企及，所以示民有竟之限也。○闋，苦穴反。企，邱豉反。

爲之棺椁衣衾以舉之，

禮，爲死制椁，椁周於棺，棺周於衣，衣周於身。衣，即斂衣。衾，被也。舉尸内之棺椁也。○棺，音官。椁，音郭。爲死，于僞反。内，音納。

陳其簠簋而哀戚之。

簠簋，祭器，盛黍稷者。祭器陳列而不御，黍稷潔盛而不毀，孝子所以重增哀戚也。○簠，音甫。簋，音軌。盛，音成，下同。重，直龍反。

哭泣擗踊，哀以送之。卜其宅兆，而安措之。

搥心曰擗，跳曰踊，所以泄哀也。男踊女擗。「哀以送之」，送之，送墓。始死牖下，浴於中霤，飯於牖下，斂於户内，殯於客位，祖奠於庭，送葬於墓，彌以即遠也。卜其葬地，定其宅兆。兆謂塋域，宅謂穴。措，置也。安置棺椁於其穴。卜葬地者，孝子重慎，恐其下有伏石、漏水，後爲市朝，遠防之也。○擗，婢亦反。搥，與「椎」同，一作「槌」。跳，徒彫反。泄，息列反。牖，羊九反。霤，力又反。飯，扶晚反。殯，必刃反。塋，音營。朝，直遥反。

爲之宗廟，以鬼亨之。春秋祭祀，以時思之。

三年喪畢，立其宗廟，用鬼禮享祀之也。言春則有夏，言秋則有冬，舉春秋而四時之誼存矣。春雨既濡，君子履之，必有怵惕之心，感親而脩祭焉，所謂「以時思之」也。○亨，許丈反，通作「享」。怵，敕律反。惕，他歷反。

生事愛敬，死事哀戚。

父母生，則事之以愛敬；死，則事之以哀戚。糾撮上章之要也。○糾，居黝反。撮，七活反。

生民之本盡矣，

謂立身之道，盡於《孝經》之誼也。

死生之誼備矣，

事死事生之誼，備於是也。

孝子之事終矣。」

言爲孝子之道，終竟於此篇也。

通計 經一千八百六十一字
傳八千七百九十四字

跋

《古文孝經孔傳》一册，吾友汪君翼滄市易日本得之，攜歸舉以相贈。博留意鄭、孔二注有年矣，往讀《宋史》，載日本僧奝然於雍熙元年浮海而至，獻鄭注《孝經》一卷、《越王孝經新義第十五》一卷，皆金縷紅羅縹，水晶爲軸。竊意鄭、孔亡逸於五代，諸家簿録中皆未見復有藏本，而宋時日本既經進獻鄭注，則其國中留貽或尚可問，因屬汪君訪之。不意其所得者，更爲奝然之所未獻也。孔傳先亡於梁亂，續出於隋初。唐儒辨争，遂遭廢棄。諸儒論著，從未引及，僅見《唐會要》載司馬貞議引用則天之時「因地之利」注，畧云「脱衣就功，暴其肌體。朝暮從事，露髮塗足。少而習之，其心安焉」二十四字，以今校之，儼然尚存，畧異數字，而義更勝，可知此本更出開元敕定之上也。通本「義」字作「誼」，未經明皇敕改，尤爲古文之徵。卷首安國自敘，亦多與先儒稱述之詞合。又有太宰純序，稱「奝然適宋，獻鄭注《孝經》一本于太宗，司馬君實等得之大喜」。此即司馬氏《古文指解序》所謂「秘閣所藏，止有鄭氏也」。奝然獻書之年，《宋史》作雍熙，《崇文總目》作咸平，据純序稱「太宗」，其爲雍熙無疑。所謂「司馬君實得之大喜」者，蓋書藏於秘閣，司馬氏從後得見之也。所惜者，太宗好文之主，既得鄭注，不復更問及孔傳，遂致古文遺佚至今。且既得鄭注，不使流行，仍歸淪廢。經籍顯晦，殆有幸不幸焉。又按《宋三朝藝文志》稱「周顯德末，新羅獻《別序孝經》，即鄭注者」，此語誤也。《五代史記・高麗傳》：「周世宗六年，高麗國王王昭進《別敘孝經》一卷，《別敘》敘孔子所生及弟子事迹。」明非鄭注《孝經》。而新羅地近高麗，并誤以高麗爲新羅矣。考證所及，因附記之。

是編較《指解》本增多五十一字，中間尚多字句不同之處，今悉仍日本原書付之剞劂。復刊《指解》本正文於後，以與同志者共質定焉。原本刻於其國之東都紫芝園，太宰純序，後有一印云「字曰德夫」，末稱「享保壬子梓行」，乃皇清康熙十一年也。汪君所至，爲長崎嶴，距其東都尚三千餘里。此書購訪數年，得之甚艱，其功不可没云。乾隆丙申花朝歙人鮑廷博謹跋。

圖書在版編目(CIP)數據

孝經古注説 /（漢）鄭玄等撰；江曦整理. —上海：上海古籍出版社，2021.2
（孝經文獻叢刊. 第一輯）
ISBN 978-7-5325-9879-3

Ⅰ. ①孝… Ⅱ. ①鄭… ②江… Ⅲ. ①家庭道德—中國—古代②《孝經》—注釋 Ⅳ. ①B823.1

中國版本圖書館 CIP 數據核字(2021)第 032669 號

孝經文獻叢刊(第一輯)
曾振宇　江　曦　主編
孝經古注説
江　曦　整理
上海古籍出版社出版發行
（上海瑞金二路 272 號　郵政編碼 200020）
（1）網址：www.guji.com.cn
（2）E-mail：guji1@guji.com.cn
（3）易文網網址：www.ewen.co
上海展强印刷有限公司印刷
開本 850×1168　1/32　印張 17.625　插頁 5　字數 292,000
2021 年 2 月第 1 版　2021 年 2 月第 1 次印刷
印數：1—1,800
ISBN 978-7-5325-9879-3

G・731　定價：88.00 元
如有質量問題，請與承印公司聯繫
電話：021-66366565